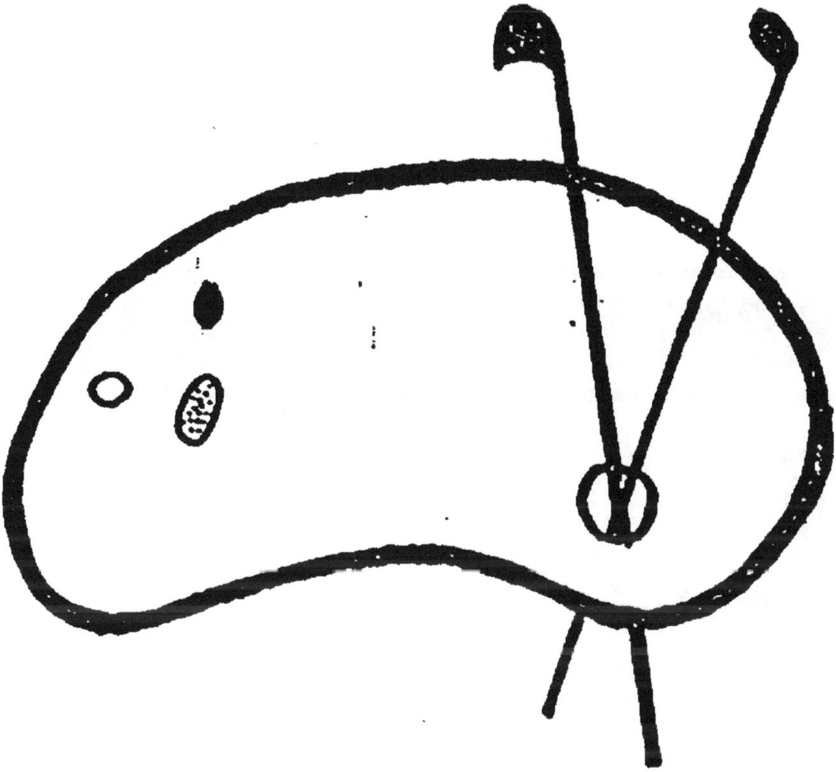

GUIDES JOANNE

SAINT-SÉBASTIEN

CHETTE & Cie

1 FRANC

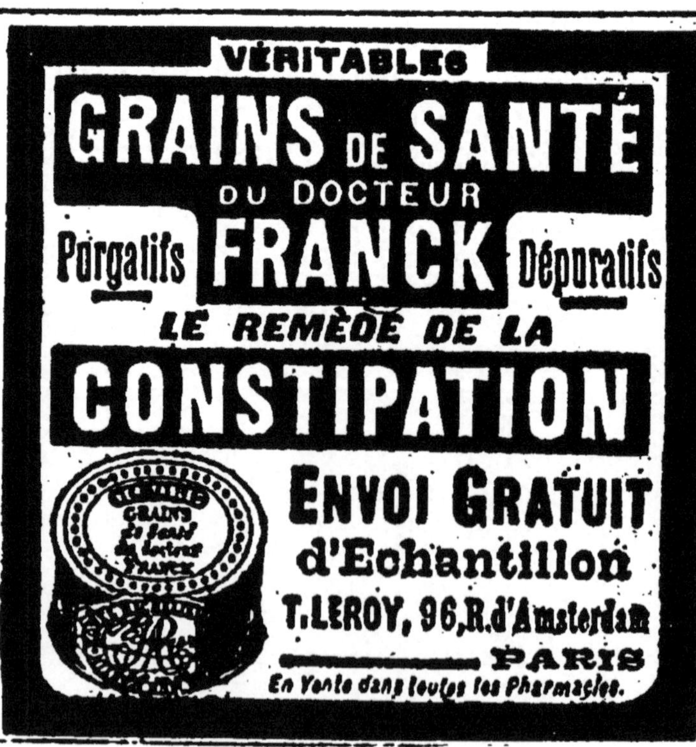

VÉRITABLES
GRAINS DE SANTÉ
DU DOCTEUR
Purgatifs
FRANCK
Dépuratifs
LE REMÈDE DE LA
CONSTIPATION
ENVOI GRATUIT
d'Echantillon
T. LEROY, 96, R. d'Amsterdam
PARIS
En Vente dans toutes les Pharmacies.

SAINT-SÉBASTIEN

HOTEL ET BUFFET DE LA GARE

DANS LA GARE MÊME

Chambres nouveau style avec lumière électrique. — Eau chaude et eau froide. — Cuisine française recommandée. — Déjeuner : 4 plats, desserts, vins blanc et rouge à discrétion, 3 pesetas. — Dîner : potage, 4 plats, entremets, desserts, vins blanc et rouge, 3 pesetas 50.

E BARNECHEA, Propriétaire

SAINT-SÉBASTIEN

Hôtel de Londres et d'Angleterre

SUR LA PLAGE

ÉDOUARD DUPOUY, Propriétaire

SAINT-SÉBASTIEN

Grand Hôtel Continental

LE SEUL AVEC VUE SUR LA MER

Ouvert toute l'année

Premier ordre. — La plus belle situation sur la plage, entre le Palais-Royal et le Casino. — *Cuisine française très soignée.* — On parle français, anglais, portugais et italien.

BAINS — TÉLÉPHONE — ASCENSEUR — GARAGE

Éclairage électrique

FRANÇOIS ESTRADE, Propriétaire

SAINT-SÉBASTIEN

Grand Hôtel Biarritz

Calle Guetaria, 8

De premier ordre

Entièrement neuf. — Situation centrale. — Lumière électrique. — Cheminées dans presque toutes les chambres. — Cuisine française et espagnole. — Arrangements pour familles.

— *Prix modérés* —

J. JUANTEGUI, Propriétaire

SAINT-SÉBASTIEN

GRAND HOTEL BERDEJO

CALLES GUETARIA, 7, Y SAN MARCIAL, 15

Lumière électrique dans toutes les chambres. — Cuisine française et espagnole. — **On parle français.** — Bon service de voitures. — Personnel chargé spécialement des services en gare, billets, bagages, etc., etc. — Appartements meublés avec goût et élégance. — Soins et prévenances.

PRIX MODÉRÉS

SAINT-SÉBASTIEN

LAS DELICIAS

9, Alameda, 9

Fabrique de bonbons. — Chocolat. — Confitures. Pâtisserie. — Vins fins de toutes marques. — Liqueurs.

Five o'cloch tea

Marcial GUERECA, Propriétaire

SAINT-SÉBASTIEN

CHEMIN DE FER DE MONTE ULIA

Promenade très recommandée. — Splendide panorama de mer et de montagnes. — Parc. — Jardin. — Tennis. — Croquet. — Jeux divers.— Tir aux pigeons. — Funiculaire aérien de 300 mètres reliant le Restaurant à la Peña del Aguila.

Restaurant de 1er Ordre. — Service à la Carte

Déjeuners, 5 pesetas. — Dîner, 6 pesetas

Tramways jusqu'à 10 heures du soir. — Départ tous les quarts d'heure. — Durée de montée, 30 minutes.

SAINT-SÉBASTIEN

Grand Garage Garnier

Calle Ipparraguirre (au fond à gauche)

Direction française. — Ouvert toute l'année. — Atelier de mécanique spéciale pour grosses réparations. — Accessoires. — Pneus : Continental, Michelin, Persan.

Représentation exclusive des voitures suisses :

" PICARD-PICTET "

LOCATION ET VENTE

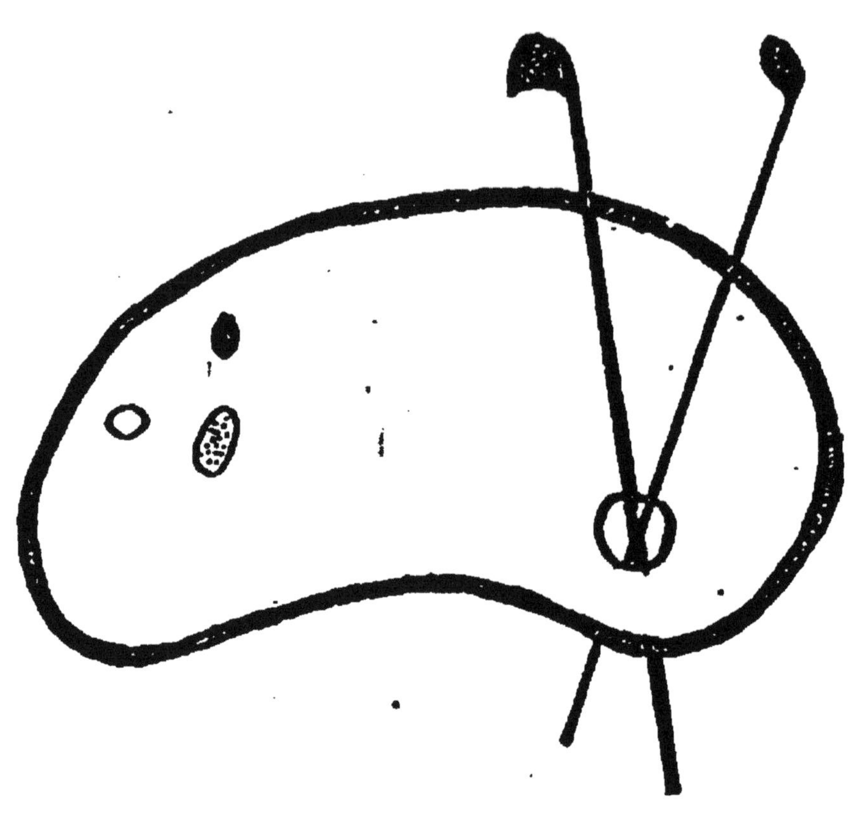

DEBUT D'UNE SERIE DE DOCUMENTS
EN COULEUR

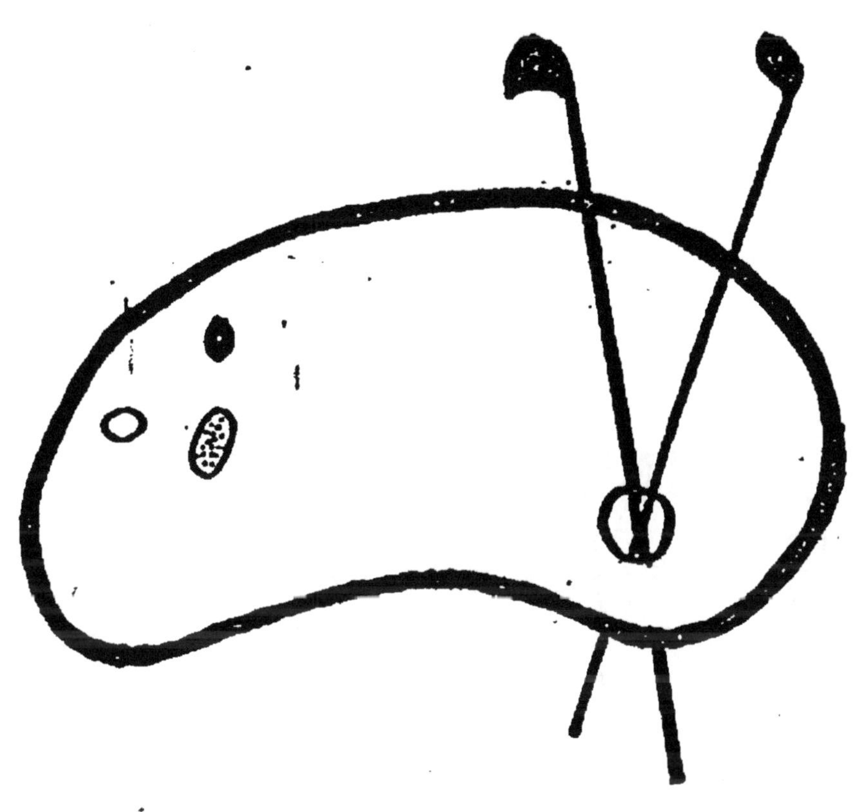

FIN D'UNE SERIE DE DOCUMENTS
EN COULEUR

SAINT-SÉBASTIEN

ET SES ENVIRONS

Guides ✤ ✤ ✤ ✤ ✤ ✤ Joanne

La collection des Guides Joanne, d'une réputation universelle, constitue une bibliothèque indispensable au Voyageur et au Touriste.

Rédigés d'après un plan particulièrement pratique, ils renferment les renseignements les plus complets sur les moyens de transport, les hôtels, la manière de visiter les villes, etc. Leur compétence est reconnue pour tout ce qui touche l'art, l'archéologie, l'histoire et la géographie.

Les deux cartes ci-contre donnent l'état actuel de la collection.

NORD
CHAMPAG
NORMANDIE
ARDEN
7,50
BRETAGNE
7,
LA LOIRE
7,50
BOUR
LYONNAI
7,50
SUISSE
GUIDES format in-16 JOANNE
AUX 7,50
10 fr.
7,
7,50
5 fr.
10 fr.
PYRÉNÉES 7,50
10 fr.
ESPAGNE
PORTUGAL
ET TUNISIE
PARIS
5 fr.

Autres Guides de la Collection

Outre les Guides qui f... sur ces deux cartes ci-con... la collection comprend encore :

1° *Rome*, monographie illustrée. . . . . . . 2 fr. 50
2° *De Paris à Constantinople*. . . . . 15 fr.
3° *Athènes et ses environs*. . . . . 6 fr.
4° *Egypte*. . . . . . . 20 fr.

Géographies départementales de la France et de l'Algérie.

La collection comprend 88 v... in-16, cart.
Chaque département est séparément. . . . . 1 .
Le Départ. de la Seine. 1 fr.
L'Algérie. . . . . . . 1 fr.

Nouvelle carte de ... au 100.000e

Dressée par le service vicinal pa... ordre du ministère de l... rieur, complète en 587...
Chaque feuille se vend ...ment. . . . . 0 fr. ...
Pliée et cartonnée. . 1 fr. 05

458-09. — Coulommiers. Imp. Paul BRODARD. — 5-09.

COLLECTION DES GUIDES-JOANNE

SAINT-SÉBASTIEN ET SES ENVIRONS

Mont Ulia, Pasajes, Irun, Fontarabie
Hernani, Zarauz, Guetaria, Bains de Cestona
San Ignacio de Loyola, Deva, Ondarroa
Lequeitio

AVEC UN PLAN, UNE CARTE ET 16 GRAVURES

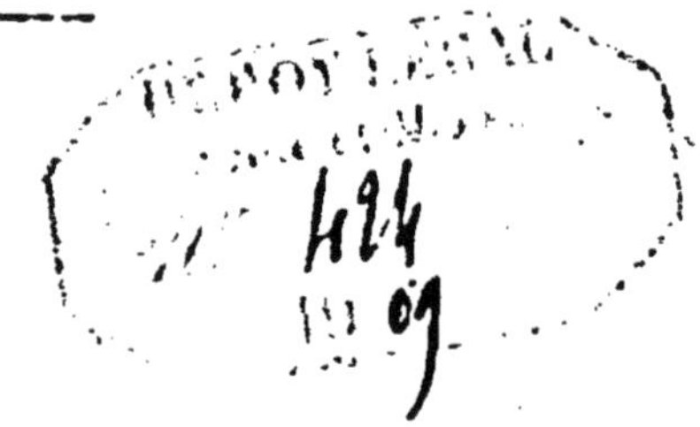

PARIS
LIBRAIRIE HACHETTE ET Cie
79, BOULEVARD SAINT-GERMAIN, 79

1909

Toutes les mentions et recommandations contenues dans le texte des Guides-Joanne sont entièrement gratuites.

SAINT-SÉBASTIEN

ET SES ENVIRONS

PASAJES, IRUN, FONTARABIE
HERNANI, ZARAUZ, GUETARIA, BAINS DE CESTONA
SAN IGNACIO DE LOYOLA

RENSEIGNEMENTS PRATIQUES

Omnibus : — de la gare du Nord aux hôtels, 50 c.; 1 p. avec une malle.

Buffet : — à la gare du Nord (déj. 3 p., din. 3 p. 50, vin compris).

Hôtels (ouverts toute l'année) : A LA GARE DU NORD : — *Hôtel-buffet-restaurant* (ch. hyg. avec lavabos à eau chaude et eau froide); — EN VILLE : — *Grand-Hôtel du Palais** (appart. avec salles de bains; électr.; ascens.; chauffage central; garage), avenida de la Libertad; — *Continental** (omn. 1 p., bagages 1 p.; pet. déj. 2 pes.; déj. 6 p., din. 7 p., vin compris; ch. de 5 à 10 pes.; pens. de 16 à 25 p. par j.; ascens.; chauffage central; ch. hyg.; bains; garage dans l'hôtel), paseo de la Concha; — *de Londres et d'Angleterre** (omn. 50 c., bagages 50 c.; petit déj. 1 p. 50; déj. 5 p., din. 6 p., vin compris; ch. de 5 à 16 p.; pens. 15 pes. par j.; ascens.), paseo de la Concha, 1; — *Grand-Hôtel** (bains et douches; électr.; ascens.; téléph.; voit. pour excurs.), paseo de la Zurriola; — *Berdejo* (électr. dans t. les ch.), calles Guetaria, 7, et San Marcial, 15; — *de France* (pens. dep. 9 p.; électr. dans t. les chambres), calle de Caminos, 3; — *de Paris* (déj. 4 p., din. 5 p., vin compris; ch. dep. 4 p.), Fuenterrabia, 11, et Principe, 21; — *Biarritz* (omn. 50 c., bagages 50 c.; pet. déj. 1 p.; déj. 3 p. 50, din. 4 p., vin compris; ch. de 3 à 6 p.; pens. 10 p. par j.; électr.), calle Guetaria, 8; — *Internacional* (électr.), calle de San Ignacio, etc.

Restaurants principaux : — aux hôtels (V. ci-dessus); — *du Club Cantabrique*, calle Miramar; — *du Gran Casino* (déj. 6 p., dîn. 8 p., vin non compris, avec l'entrée au Casino); — *la Urbana*, plaza de Guipuzcoa. — En dehors de la ville, restaurant du *Monte Ulia* (tram électr.; déj. 5 p., dîn. 6 p., et à la carte).

Cafés : — *L. Kutz*, Alameda; — *Colon*, plaza de Guipuzcoa; — *Kutz*, avenida de la Libertad; — *Oriental*, *Norte*, *Novelty*, Alameda; — *Oleiza*, calle de Miramar, etc.

Tea-Room : — *Las Delicias*, Alameda, 9 (très fréquenté).

Poste : — plaza de Guipuzcoa.

Télégraphe : — Fuenterrabia, 24.

Téléphone (avec Madrid) : — San Marcial.

Trams électriques : — d'*Alegorrieta* à *Venta Berri*, par *la Beneficencia*, l'*Alameda*, la *Concha* et l'*Antiguo*; — de l'*Alameda* à *Pasajes-Ancho* (40 c.) et à *Renteria* (60 c.); — de l'*Alameda* au *Monte Ulia* (1 p. 50, all. et ret.), prolongé jusqu'au sommet de la Peña Aguila par un funiculaire aérien (1 p. all. et ret.); — de la *plaza de Guipuzcoa* à *Hernani* (60 c.)

Services d'automobiles : — pour *Tolosa* et *Elizondo*. — **Auto-garage :** — *Garnier* (atelier pour grosses réparations; location et vente), calle Ipparraguirre (au fond à g.). — *N. B.* Le Touring-Club de France délivre à ses sociétaires des triptyques ou permis d'importation temporaire pour l'entrée des automobiles en Espagne (s'adr. au secrétariat général, avenue de la Grande-Armée, à Paris). — Pour une simple promenade de France à Saint-Sébastien en auto, il suffit, si l'on veut éviter les formalités à la frontière espagnole, de s'adresser aux garages de Biarritz ou à l'*agence Benquet*, ou encore d'écrire à la *Libreria central*, à Saint-Sébastien, dont le correspondant à la frontière se porte garant (10 p. à payer pour une journée, entrée et sortie).

Voitures de place (à la gare et à l'Alameda). — Intérieur de la ville : 2 p. la course, 3 p. l'heure. — Prix spéciaux pour les jours de courses de taureaux : place d'omn., 50 c.; de voit. dite panier, 75 c.; un landau, 5 p. — En dehors de la ville, jusqu'à *Renteria*, *Hernani*, *Lasarte*, *Usurbil* et *Igueldo*, 5 p. pour la première heure, 3 p. l'heure pour les heures suivantes : indemnité de ret., 3 p. pour un voyageur; fractions d'heure comptées par 15 min.

Cercles : — *Easonense*, au Casino; — *Français*, Alameda, au 1er étage du café L. Kutz; — *Cantabrique*, calle de Miramar (café Oteiza).

— —

Établissement de bains de mer : — la *Perla del Oceano*, Concha.

Bains chauds : — à l'établissement de la *Perla del Oceano*, Concha; — au *Gran Casino* (2 p. et 2 p. 25; douches, 1 p. 50), entrée spéciale par le jardin, côté de l'Alameda; — *Gazi Gueza*, sur l'Alameda.

Casino : — *Gran Casino* : entrée, 1 p. jusqu'à 7 h. du s., 1 p. 50 après; le samedi s. (bal), 5 p. — Abonnements : 25 p. pour 15 j.; 35 p. pour un mois; 70 p. pour la saison; rabais de 20 0/0 pour 2 pers. et de 30 0/0 pour 3 pers. et plus.

Musique : — deux fois par j., du 1er juillet au 31 oct., de 5 à 7 et de 9 à 11 h. du s., au *Gran Casino*; — de midi à 1 h. et souvent de 9 à 11 h. du s., au *kiosque de l'Alameda* (*Banda municipal*).

Courses de taureaux : — à Pâques, t. les dimanches d'août et le 15 août, à la *Plaza de Toros*, près de Alegorrieta (bureau de location à l'Alameda; places à l'avance à la *Libreria central*, avenida de la Libertad).

Théâtres : — *Teatro Principal* (d'hiver), calle Mayor; — *Teatro-Circo* (d'été; troupes de passage; jotas aragonaises), Beti Jai; — *Teatro de Bellas Artes* (troupes de passage), calle Euskal Erria.

Jeu de Paume : — *Jai-Alay*, faubourg de Gros, près de la gare; — jeu de paume couvert, paseo de Atocha.

Vélodrome : — derrière la gare du Nord.

Librairies : — *Libreria central* (Benquet; même maison à Biarritz; journaux français; guides; billets pour les courses de ureaux), avenida de la Libertad et calle de Fuenterrabia; — *Francisco Jornet* (vues photographiques; guides), Alameda, 15.

Agence des Wagons-Lits : — *Francisco Jornet*, Alameda, 15.

Consulats : — *de France*, calle San-Martin, 21, et plaza del Buen Pastor (bureaux ouverts t. l. j. non fériés, de 10 h. à midi et de 2 h. à 4 h.); — *d'Angleterre*, calle Guetaria, 8; — *de Norvège*, M. Julian de Salazar, San Sebastian et Pasajes.

Banques : — *d'Espagne*, calle de Garibay, 26; — *Crédit Lyonnais*, avenida de la Libertad, 37 (bureaux ouverts de 9 h. à 1 h. et de 3 h. à 5 h.); — *Comptoir national d'escompte*, Hernani, 14; — *Société générale*, avenida de la Libertad, 37.

Société des Beaux-Arts (Bellas Artes) : — calle Euscal Erria (2 concerts classiques par mois).

Foire : — en septembre, sur le paseo de los Fueros (beaucoup de monde, surtout le soir).

Saint-Sébastien : le Casino. — Cliché Frois.

SAINT-SÉBASTIEN ET SES ENVIRONS

DE PARIS A SAINT-SÉBASTIEN

838 k. — Chemins de fer d'Orléans de Paris à Bordeaux, du Midi de Bordeaux à Irun, et du Nord de l'Espagne d'Irun à Saint-Sébastien. — Traj. : en 11 h. 30 par le Sud-Express, train de luxe entre Paris, l'Espagne et le Portugal, composé exclusivement de wagons-lits, salon et restaurant, 13 h. 9 par le rapide (1re et 2e cl.), 16 h. par les express ou directs comprenant des voit. des 3 cl. — Voit. directes de 1re cl. et lits-toilette entre Paris et Irun (où l'on change toujours de train, la voie espagnole étant plus large que la voie française), au rapide partant de Paris le soir. — Visite de la douane espagnole à Irun (buffet ou *fonda* et buvette ou *cantina*); dans la gare d'Irun, en sortant de la douane, on trouve à dr. le bureau de délivrance des billets, à g. le bureau d'enregistrement des bagages (gratuité de 30 kilogr.; pas de droit d'enregistrement), en face, au centre, le bureau de change (*cambio de monedas*; si l'on n'a pas emporté de Paris de l'argent espagnol, changer là une petite quantité d'argent français pour les menues dépenses jusqu'à Saint-Sébastien, où l'on changera à de meilleures conditions; la prime en faveur de l'argent français varie de 10 à 30 0/0; le changeur de la gare d'Irun parle français) et, à gauche du bureau de change, la bibliothèque (on parle français; acheter l'indicateur du mois ou *Guia general de ferrocarriles*, 1/2 peseta). Le buffet (déj. 3 fr., dîn. 3 fr. 50, vin compris) est à dr. du bureau de change. — (Octroi dans la gare de Saint-Sébastien.) — Le *Sud-Express* quitte Paris (gare du quai d'Orsay) t. l. j. à midi 17 et arrive à Saint-Sébastien vers minuit, avec un seul changement de voiture, à Irun; il contient un wagon-restaurant (dîner, 7 fr., vin non compris); il faut avoir soin de retenir les places à l'avance à la Cie des Wagons-lits, 5, boulevard des Capucines, à Paris. Le supplément à

payer, en sus du prix de la 1re cl., pour le Sud-Express, est de 15 fr. 60 de Paris à Irun, 1 p. 10 d'Irun à Saint-Sébastien, plus 3 fr. par place louée à l'avance, 10 c. de timbre pour le parcours français et 10 c. pour le parcours espagnol. — Le rapide partant de Paris à 7 h. 40 soir comprend un wagon-lits de Paris à Irun (supplém. de 46 fr. 15 par place dans les compartiments salons-lits à 3 lits, de 32 fr. 80 dans les compartiments à 2 lits et de 16 fr. par place de couchette, sans literie : couverture, 1 fr.; oreiller, 1 fr.; 3 fr. en sus par place de salon-lit réservée à l'avance) et un wagon-restaurant de Paris aux Aubrais (dîn. 3 fr. 50 et 5 fr., vin non compris); le train express des 3 cl. partant de Paris à 10 h. 22 du s. contient un wagon-lits de Paris à Bordeaux (suppl. 24 fr. sur le prix de la 1re cl. pour tout ou partie du parcours Paris-Bordeaux, dans les compartiments à 2 lits, de 32 fr. 95 dans les salons-lits à 3 lits, de 10 fr. par place-couchette, sans liter[illegible] et un wagon-restaurant de Dax à Irun (déj. 3 fr. 50, vin non compris [illegible] vin à partir de 1 fr. la 1/2 bout.), et le rapide partant de Paris à 9 h. 46 mat., comprend un wagon-restaurant de Paris à Dax (déj. 3 fr. 50, dîn. 5 fr., vin non compris). Au retour, le rapide partant de Hendaye vers 5 h. 20 du s. comprend un wagon-lits et un wagon-restaurant (3 séries de dîners entre Bayonne et Bordeaux) et le rapide partant de Bordeaux vers 11 h. du mat. comprend un wagon-restaurant (2 séries de déj. à la fourchette, la 1re au départ d'Angoulême, la seconde au départ de Poitiers).

N. B. — Toutes ces indications devront être contrôlées par le voyageur sur le plus récent *Indicateur*. — L'heure des chemins de fer espagnols est en retard de 5 min. sur l'heure des chemins de fer français.

Prix des billets d'aller et retour de Paris à Saint-Sébastien :

1° *Billets individuels*, val. 30 j., avec faculté de prolongation pour 30 j., moyennant 10 0/0 de suppl. : de Paris-Orsay à Irun et ret., 156 fr. 65 en 1re cl., 93 fr. 35 en 2e cl., 60 fr. 90 en 3e cl.; d'Irun à Saint-Sébastien et ret., 3 p. 95, 2 p. 30, 1 p. 35;

2° *Billets d'aller et retour collectifs*, val. 45 j., avec faculté de prolongation pour 45 j., moyennant 10 0/0 de supplément.

	PRIX PAR PERSONNE														
	Lorsque le Billet comporte 2 personnes adultes			Lorsque le Billet comporte 3 personnes adultes			Lorsque le Billet comporte 4 personnes adultes			Lorsque le Billet comporte 5 personnes adultes			Lorsque le Billet comporte 6 personnes et plus adultes		
	1re cl.	2e cl.	3e cl.	1re cl.	2e cl.	3e cl.	1re cl.	2e cl.	3e cl.	1re cl.	2e cl.	3e cl.	1re cl.	2e cl.	3e cl.
	fr. c.	fr. c.	fr. c.	fr. c.	fr. c.	fr. c.	fr. c.	fr. c.	fr. c.	fr. c.	fr. c.	fr. c.	fr. c.	fr. c.	fr. c.
De Paris à Irun.	147 45	93 30	60 90	138 20	93 30	60 90	129 »	87 05	56 85	119 80	80 85	52 75	110 60	74 65	48 70
	pes	pes	pes	pes	pes	pes	pes	pes	pes	pes	pes	pes	pes	pes	pes
D'Irun à Saint-Sébastien.	3 70	2 30	1 40	3 05	2 30	1 0	2 85	2 15	1 40	2 85	2 15	1 30	2 85	2 15	1 30

Validité : 45 jours. Faculté de prolongation de 45 jours moyennant 10 0/0.

DE LONDRES A SAINT-SÉBASTIEN

Il est délivré à Londres des billets simples et des billets d'aller et retour individuels aux prix ci-après pour Irun, où l'on peut prendre ensuite des billets pour Saint-Sébastien.

	1re cl.	2e cl.	Validité.	Itinéraire.
Prix des billets simples de Londres à Irun[1]	161 10	112 80	15 jours	Calais-Paris-Bordeaux.
	155 80	106 60	—	Boulogne-Paris-Bordeaux.
	141 95	98 65	—	Dieppe-Paris-Bordeaux.
Prix des billets d'aller et retour de Londres à Irun[1]	260 »	188 90	60 jours	Calais-Paris-Bordeaux.
	250 10	180 35	—	Boulogne-Paris-Bordeaux.
	223 40	160 70	—	Dieppe-Paris-Bordeaux.

La durée de validité des billets d'aller et retour peut être prolongée de 45 jours moyennant supplément.

DE BIARRITZ A SAINT-SÉBASTIEN

45 k. — Ch. de fer du Midi. — Pas de billets simples directs; mais la gare de Biarritz délivre des billets d'all. et ret., val. 2 j., pour Saint-Sébastien, avec lesquels il n'est admis que les bagages à la main. — Prix (qui varient, du reste, selon le cours du change) : 7 fr. 25 en 1re cl., 5 fr. 25 en 2e cl., 3 fr. 35 en 3e cl., all. et ret.

Courses de taureaux. — Si l'on veut assister aux courses de taureaux et être bien placé, il est indispensable de retenir les places à l'avance à l'*agence Delvaille*, place de la Mairie, à Biarritz.

SAINT-SÉBASTIEN

Situation. — Aspect général.

Saint-Sébastien (*San Sebastian*), capit. du Guipuzcoa, V. de 40.000 hab., station de bains de mer aristocratique, séjour d'été de la Cour et station hivernale, est bâti dans un site charmant, à l'embouchure de l'Urumea et autour d'une baie sablonneuse fermée à l'O. par le mont Igueldo, à l'E. par le mont Orgullo ou Urgull, qui porte la forteresse dite le Château ou château de la Mota. Au centre, l'îlot de Santa Clara barre l'horizon, ne laissant que deux passages de mer étroits, surtout celui de l'O., entre la plage, le port et le large, et donnant ainsi à la baie la physionomie d'un véritable lac.

La gare du chemin de fer du Nord, le vélodrome, un jeu de paume couvert, la nouvelle Plaza de Toros et la manufacture des tabacs sont sur la rive dr. de l'Urumea, reliée à la rive g. par le pont Maria Cristina en face de la gare et, un peu en aval, par le pont de Santa Catalina, dans l'axe duquel s'ouvre la

1. Droits de port compris.

grande et centrale artère de l'avenida de la Libertad, qui se prolonge jusqu'à l'extrémité de la baie et à la Concha. Sur la rive dr. encore se trouve le populeux et industriel quartier du *Barrio de Gros*, qui n'offre d'intéressant aux touristes que la plage de l'embouchure de l'Urumea; dans ce quartier, on peut visiter (s'adresser aux bureaux) la fabrique de conserves alimentaires, vinaigre et chocolat, succursale de la maison Louit frères et Cie, de Bordeaux.

La ville proprement dite se développe tout entière sur la rive g. de l'Urumea, entre ce fleuve, la baie, le mont Orgullo et le mont Igueldo. Elle se divise en deux parties bien distinctes, séparées par la belle promenade de l'Alameda : la vieille ville blottie aux pieds du Mont Orgullo et de la forteresse et autour du port, dont les artères étroites, enchevêtrées, les places à arcades, animées par l'incessant va-et-vient d'une foule besoigneuse, affairée et bariolée, contrastent avec la ville neuve, aux rues larges et droites, tracées au cordeau, bordées de maisons bourgeoises ou de beaux magasins, et souvent silencieuses. Cette ville du luxe et des étrangers est elle-même scindée en deux sections, dans le sens de l'E. à l'O., par l'avenida de la Libertad. La partie N., entre l'avenida de la Libertad, l'Alameda et l'Urumea, est la seule complètement bâtie, habitée et fréquentée. La section S., entre l'avenida de la Libertad, l'Urumea et la colline de San Bartolomé, qui domine la Concha, se construit rapidement; les étrangers y vont pour se rendre au *télégraphe* (*calle de Fuenterrabia*, n° 24), à la gare du Nord par le pont de Maria Cristina, à la gare de Zarauz, ou pour visiter l'église du Sacré-Cœur. Du reste, pour les étrangers, les deux pôles d'attraction ne sont autres que l'Alameda et le paseo de la Concha. Le mouvement, cependant très intense, de l'avenida de la Libertad, est surtout fait d'allées et venues entre la plage, la ville et la gare du Nord; c'est une circulation de voyageurs allant au chemin de fer ou en venant, et non un mouvement de promeneurs et de flâneurs, et l'extrême largeur de l'avenue le rend peu perceptible.

Propre, aérée, bien tenue, la ville de Saint-Sébastien, avec ses rues bien tracées, bordées de hautes maisons peintes en tons clairs et tendres, ornées et rehaussées de *miradores* ou balcons saillants, a un aspect de coquetterie aimable et de gaieté reposante qui séduit d'emblée le promeneur, hôte d'une saison ou visiteur d'un jour.

Climat.

Le climat du Guipuzcoa en général et de Saint-Sébastien en particulier est tempéré et très sain. Ni chaleurs insupportables ni grands froids; la température moyenne de l'année est de 13° centigrades, celle de l'été de 20 à 25°, celle de l'hiver varie entre 6° et 15° au-dessus de zéro. Il y a bien, durant l'été, des journées torrides; mais la brise de mer, qui souffle généralement du N.-E., atténue la chaleur et rafraichit agréablement l'atmosphère. C'est donc un climat très égal et très supportable, à condition, pendant l'été, de se faire aux exigences du Midi, c'est-à-dire de ne pas sortir de une heure à quatre heures de relevée et de ne pas braver le soleil sans parasol. Un pardessus léger est nécessaire pendant la soirée, surtout si l'on se promène au bord de la mer, où l'atmosphère s'imprègne d'humidité dès que le soleil est descendu à l'horizon. A part quelques orages et des précipitations pluviales abondantes, mais de peu de durée, le temps est au beau fixe durant tout l'été; le ciel est toujours bleu, l'atmosphère limpide, claire et lumineuse, les jours ensoleillés, les nuits étoilées et d'un calme absolu. L'automne est délicieux et l'hiver relativement bénin. Septembre, octobre et novembre sont des mois ravissants, qui se prêtent merveilleusement aux excursions. Juillet et août sont les mois de *farniente* consacrés au repos et à la baignade.

Depuis quelques années, Saint-Sébastien est devenu station d'hiver fréquentée; le Casino reste ouvert et des fêtes continuelles sont organisées.

Bains de mer.

La plage principale de Saint-Sébastien est le superbe hémicycle de sable de la Concha, en pente douce, où l'on se baigne à toute heure sans danger et où l'on trouve un établissement de bains de mer, la *Perla del Oceano*, avec médecin, cabines roulantes, baigneurs et baigneuses, bains russes, etc.; cet établissement, à côté duquel de petites installations concurrentes offrent leurs services, est ouvert du 1er juin au 30 septembre. La plage de la Concha, excessivement animée de 10 h. du mat. à midi et de 5 à 7 h. de relevée, surtout pendant la grande saison et le séjour de la Cour, est couverte de cabines jusqu'à l'emplacement réservé à la famille royale. Plus loin, au delà du tunnel avec lequel la route passe sous le Palais royal, la plage à peu près déserte de l'*Antiguo* offre aussi un très bel espace de sable aux baigneurs qui fuient la foule.

Ce qu'on appelle la *plage de la Zurriola*, à l'embouchure de l'Urumea, rive g., n'est pas une plage à proprement parler, les étrangers ne s'y baignent pas; c'est plutôt un agréable belvédère où, du brise-lames du Beti-Jai, on va chercher le frais et respirer l'air de la mer.

Mais il y a une véritable plage de sable, propice aux bains, dite *plage de l'Urumea*, sur la rive opposée ou dr. du fleuve, s'étendant jusqu'au pied du mont Ulia, et qui commence à se border de villas (on y parvient par le pont de Santa Catalina, au delà duquel on suit à g. le nouveau quai). Cette plage (cabines

La Concha. — Cliché F. Frois.

et baigneur) est assez dangereuse, surtout pour les enfants, à marée haute, à cause de la barre du fleuve et de sa forte déclivité immédiate. A marée basse, on s'y baigne avec sécurité, car, après la pente initiale, la mer y laisse à découvert une grande surface unie de beau sable, et des flaques d'eau salée permettent aux enfants de barboter impunément et sans nécessiter de surveillance.

La saison, les installations, les plaisirs, la vie mondaine.

La Saison. — Bien que Saint-Sébastien, par l'égalité et la douceur de son climat, attire des visiteurs toute l'année, sa grande saison est celle des bains de mer, de juin à la fin d'octobre. La Cour y séjourne du commencement de juillet à fin septembre, et amène à sa suite les élégances madrilènes et la fashion espagnole. C'est surtout pendant les mois d'août et de septembre que la saison bat son plein, et le prix de toutes choses s'en augmente considérablement. La clientèle française vient surtout en septembre, ou à la fin d'août, quand elle déserte les stations thermales des Pyrénées pour venir assister aux dernières courses de taureaux et passer quelques semaines au bord de la mer.

Les Installations. — Si la clientèle de Saint-Sébastien est énorme, on peut dire que les installations préparées pour la recevoir répondent à son nombre toujours grandissant.

Hôtels. — On trouve à Saint-Sébastien quatre hôtels de premier ordre, où l'on a tout le confort désirable et une table excellente; ce sont : l'*hôtel du Palais*, situé sur la grande artère de l'avenida de la Libertad ; l'*hôtel Continental* et l'*hôtel de Londres et d'Angleterre*, construits en vue même de la plage, sur le paseo de la Concha, et le *Grand-Hôtel*, bien situé au coin du quai ou paseo de la Zurriola et de la calle de Santa Catalina.

Les trois premiers sont tenus par des Français, le quatrième par une famille espagnole, mais avec une cuisine et un service de choix essentiellement cosmopolites.

Dans ces hôtels, le prix de la pension varie de 15 à 25 pesetas par j., et peut aller, selon la chambre, jusqu'à 30 pesetas dans la pleine saison. Le prix se paie à la journée et on ne déduit rien pour les repas pris en dehors de l'hôtel; il comprend la chambre (*habitacion*), le service, l'éclairage, le petit déj. (*desayuno*), café, thé ou chocolat avec pain et beurre, le déj. à la fourchette (*almuerzo*) et le diner (*comida*). Les heures des repas sortent un peu de nos habitudes françaises : on déjeune vers 1 h. ou 1 h. 30 de relevée et l'on dine entre 8 et 9 h. du s.; toutefois, les déj. sont servis à volonté à partir de 11 h. 30 et les diners à partir de 7 h., et à des petites tables. Les menus sont abondants et variés. A côté de ces grands hôtels, il existe plusieurs bonnes maisons moyennes où la pension ne revient pas à plus de 7 à 9 pesetas par j., et parmi lesquelles nous pouvons recommander l'*hôtel Berdejo*, calle Guetaria, l'*hôtel de Paris*, Fuenterrabia et Principe, l'*hôtel de France*, Caminos, 3, l'*hôtel Biarritz*, Guetaria, 8, et l'*hôtel Internacional*, San Ignacio. — Le *buffet-hôtel* de la gare du Nord a de bonnes ch. hygiéniques.

Restaurants. — Tous les hôtels ont des salles de restaurant (*comedor*) et la ville ne manque pas d'excellents restaurants. Citons entre autres le restaurant français du *Gran Casino* (déj. 6 p., din. 8 p., vin non compris; le ticket du repas pris à l'entrée donne droit à l'accès gratuit du Casino); le *restaurant du Club Cantabrique*, calle Miramar; le *restaurant la Urbana*, plaza de Guipuzcoa (clientèle espagnole et étrangère), le *buffet-restaurant de la gare du Nord*.

Cafés. — Les cafés les plus fréquentés par les étrangers sont ceux de l'Alameda et de la calle de Miramar, notamment *L. Kutz* (foule vers midi et dans la soirée, pendant les concerts au kiosque de l'Alameda), au coin de l'Alameda et de la calle de Garibay; *Norte*, au coin de la rue Legarpi; *Kutz*, avenida de la Libertad; *Oriental*, Alameda; *Oleiza*, calle de Miramar. Quand on veut prendre du café noir, il faut avoir soin de demander au garçon (*mozo*, pron. *mosso*) du *café sol*; sinon, on vous donnerait du café avec du lait.

Bureaux de tabac. — Le ta ac est, en Espagne comme en France, en régie. Les cigares et les cigarettes ne sont pas moins chers qu'en France, mais on en trouve une plus grande variété. Un bureau de tabac s'appelle et porte sur son enseigne *estanco*, *estanco nacional*; on y vend aussi des timbres-poste (*sellos*, pron. *sellios*; *sellos por Francia*, timbres pour la France) et des billets de la loterie nationale. Il y a un excellent bureau de tabac (cigares et cigarettes de la Havane, des Philippines, de Manille, etc.), à l'encoignure de l'Alameda et de la calle de Hernani; on y parle français, comme du reste dans la plupart des magasins de Saint-Sébastien.

Pensions. — Nombreuses sont à Saint-Sébastien les pensions, signalées par un écriteau portant *Casa de Huespedes*. On y trouve le gîte et la nourriture dans d'assez bonnes conditions, à raison de 6 à 9 p. par pers. et par j., avec réduction proportionnelle selon le nombre de pers. dont se compose une famille.

Locations en meublé. — Il y en a pour toutes les bourses et pour tous les goûts, depuis les fastueuses villas de la Concha et les luxueux appartements des grandes artères de la ville neuve jusqu'aux logements et chambrettes des rues solitaires. On les découvre aisément, grâce aux écriteaux portant *se alquila*, à louer, ou mieux *se alquila amueblada*, à louer meublé. Mais il est bon de faire remarquer que ces écriteaux, une fois fixés, restent toute la saison, que l'appartement soit loué ou non. Les villas et appartements meublés sont généralement loués avec tout le linge, l'argenterie, la vaisselle nécessaires, à moins que le locataire n'exprime l'intention d'apporter son linge et ses couverts, auquel cas il obtient une diminution sur le prix de la location : quant aux prix, ils varient nécessairement selon l'importance du logement, sa situation, et aussi suivant l'époque; au mois d'août, on paie 30 à 50 0/0 plus cher qu'aux mois de juin et de septembre. En somme, quand on veut se donner la peine de chercher, on peut, avec des goûts modestes, et en s'écartant de la Concha et des artères fashionables, se loger relativement à bon compte, car il y a abondance de logements.

Eau potable. — La ville de Saint-Sébastien dispose actuellement de plus de 200 litres d'eau potable par seconde, provenant du ruisseau Añarbe, qui prend naissance dans les montagnes de la Navarre et dont l'eau est excellente. Pour les appartements meublés, le prix de l'eau est généralement compris dans la location. L'eau se paie à la municipalité 15 c. par m. c. à domicile.

Port des pêcheurs.

Gaz. — Le gaz se paie 27 c. le m. c. pour les becs à domicile et 20 c. pour les moteurs à gaz. Les appartements et villas meublés sont généralement munis de compteurs.

Électricité. — Installée presque partout.

Approvisionnements. — Saint-Sébastien est abondamment approvisionné de tout ce qui est nécessaire à la vie matérielle. En faisant ses achats à la poissonnerie et aux marchés disséminés dans les divers quartiers, on trouvera, surtout pour le poisson, la viande et les légumes, de grands avantages qui ne sont pas à dédaigner, car les prix des denrées sont assez élevés dans la saison. Tous les magasins un peu considérables font porter à domicile, et l'on y trouve toujours quelqu'un qui parle plus ou moins bien le français et qui, dans tous les cas, le comprend s'il n'ose le parler. Une partie du commerce local est entre les mains des Français, qui forment une colonie numériquement fort importante, avec une Société de Bienfaisance, une école française et un casino (Alameda).

Les Plaisirs. — Mentionnons d'abord le *Gran Casino*, ouvert

Courses de taureaux. — Cliché Frois.

toute l'année (concerts artistiques 2 fois par semaine, avec des artistes en renom; représentations théâtrales; orchestre d'élite, qui se fait entendre, l'été, sur la terrasse, de 5 à 7 h. de relevée et de 9 h. 30 à 11 h. du s.). Le concert du s. est suivi de bal (grand bal le samedi). Ensuite, les concerts donnés par la *Banda municipal* au kiosque de l'Alameda, ordinairement de midi à 1 h., souvent aussi de 9 h. à 11 h. du s.; — des représentations variées par des troupes de passage au *théâtre* de la calle Mayor ou au *théâtre-cirque Beti-Jai*, mais plus souvent, l'été, au théâtre-cirque, car le théâtre de la calle Mayor est surtout une salle de spectacle d'hiver; — des *régates* qui attirent beaucoup de monde, et le *concours hippique*; — en automne et au printemps, des concours de *tir aux pigeons*, avec prix très importants; — des *courses de taureaux* (à Pâques, t. les dimanches du mois d'août et le 15 août; retenir les places à l'avance au kiosque de l'Alameda ou à la *Libreria Central*, avenida de la Libertad, et demander des places à l'ombre), la grande attraction pour beaucoup d'étrangers, à la *Plaza de Toros*, au faubourg de Gros; — le *Jeu de paume*, soit à l'arène derrière le chemin de fer du Nord, près du *vélodrome*, soit au paseo de Atocha (jeu de paume couvert), soit au *Jai-Alay*, situé sur la promenade de Puertas Coloradas (le tram de Pasajes y passe), « frontons » où l'on peut voir lutter « colorados » contre « azules » et admirer la souplesse, l'agilité et la vigueur de la belle et vaillante race basque. Les programmes sont distribués dans les hôtels et publiés dans les journaux.

Enfin, restent les *promenades à pied et en voiture*. Dans une région où le soleil darde ses rayons de feu du matin au soir, aux grands jours de l'été, le cycle des promenades pédestres est assez circonscrit, et il faut faire de bon matin des escalades comme celles du Château, du mont Ulia (un tram électrique et un funiculaire conduisent au sommet) ou du mont Igueldo, que nous décrivons plus loin. Par contre, les promenades en voiture sont nombreuses et agréables. Les cochers basques, à béret rouge, qui hèlent les étrangers, baragouinent presque tous le français et mènent les touristes rondement et avec beaucoup de sécurité. Malheureusement, en dehors des courses aux environs immédiats jusqu'à Renteria, Hernani, Lasarte, Usurbil et Igueldo, taxées 5 p. la première heure et 3 p. l'h. les h. suivantes, il n'existe pas de tarif pour les promenades dans la région, et les exigences des automédons croissent en raison de l'affluence des étrangers; telle excurs. se fait pour 20 p. en juin ou en septembre-octobre, pour laquelle on demande 40 et 60 pesetas en août. Il est d'usage de donner au conducteur une bonne-main ou pourboire de 1 p. 50 pour une demi-journée et de 2 p. 50 pour une journée. Le tramway de Pasajes-Renteria, le tramway d'Hernani et le ch. de fer de Zarauz-Bilbao permettent de faire économiquement et sans fatigue une série de courses assez onéreuses en voit.; par la voie ferrée de Zarauz, on peut aller, en descendant aux gares qui les desservent, visiter la vallée de Lasarte et Usurbil, le pittoresque petit port d'Orio, près de l'embouchure de l'Oria, le couvent de San Ignacio de Loyola, Zarauz et Guetaria, Deva, etc. Nos lecteurs trouveront la description de tous ces buts de promenade au § *Promenades et excursions.*

Mentionnons pour mémoire seulement les *promenades en bateau*, car le golfe de Gascogne et l'Océan cantabre sont trop dangereux pour que nous engagions les touristes à s'aventurer au large. La seule promenade que l'on puisse faire sans danger est celle de l'île de Santa Clara (*V. Promenades et excursions*, 2°), pour laquelle on trouve des barques au port. Les promenades d'Ancho à San Pedro et à San Juan, sur les bassins de Pasajes (bateaux à Ancho; *V. Promenades et excursions*, 5°), offrent aussi toute sécurité, quand le temps est calme. Même dans la baie de Saint-Sébastien et dans les bassins de Pasajes, il faut s'abstenir de toute promenade sur l'eau quand la tempête sévit au large et que le vent envoie de la houle sur les passes ou par le goulet.

LA VIE MONDAINE. — La vie mondaine est plus simple à Saint-Sébastien qu'on ne pourrait l'imaginer en songeant que cette station de bains de mer est essentiellement fashionable. L'existence est digne, calme, reposante, un peu uniforme. Les jours où cette monotonie n'est pas rompue par une *corrida de toros*, par une excurs. en voit., voici à peu près comment se passe le temps des mondains. Dès 8 h. du mat., la Concha, à l'ombre, est envahie par les promeneurs, tandis qu'aux balcons, aux terrasses et aux fenêtres des hôtels et des chalets de la voie luxueuse, les lorgnettes se braquent sur la plage où apparaissent les premiers baigneurs. Des gamins circulent à travers la foule, qui grossit toujours, criant les journaux de la localité et ceux de Madrid. Mais voici 10 h. et la masse des baigneurs, devenue compacte, encombre la plage jusqu'à la partie réservée au roi. Un remous se fait parmi les spectateurs qui, du haut de la Concha, suivent les mouvements des adeptes du bain; on s'avance jusqu'à la hauteur de la cabine royale, de style mauresque et surmontée de la couronne. Là, des alguazils font faire la haie, et bientôt, du tunnel de l'Antiguo débouchent les landaus qui amènent le roi, les reines, les infantes et leur suite, du reste très simplement et sans aucune espèce d'apparat. Après que les personnages royaux ont pris leur bain, la foule s'écoule silencieuse, se portant vers le Casino en attendant midi, heure du concert de la *Banda Municipal* au kiosque de l'Alameda.

A 1 h. on déjeune, puis on fait la sieste jusqu'à 4 ou 5 h., les rues sont désertes. A 5 h. l'animation renaît sur la Concha, puis elle se porte vers le Casino pour le concert sur la terrasse. Ce n'est qu'à 8 h. qu'on se décide à aller dîner et, le repas terminé, on revient en hâte, qui à l'Alameda pour la promenade et le concert, qui au Casino, où l'orchestre se fait entendre de 9 h. 30 à 11 h., au théâtre-cirque, etc.

Histoire.

L'absence de documents rend obscures les origines de Saint-Sébastien, et les nombreux incendies qui ont plusieurs fois dévasté la ville depuis le XIIIe s. ont fait disparaître une grande partie des annales de la cité. Il est à peu près certain que ce fut un sébastianais, Juan Echaide, qui découvrit les bancs de Terre-Neuve; plusieurs localités de Terre-Neuve portent des noms basques, et l'une d'elles s'appelle Echaideportu.

Les Guipuzcoans se donnèrent en 1200 à Alphonse VIII, qui entra ainsi en possession des forteresses de Saint-Sébastien et de Fontarabie, confirma les antiques *fueros* ou privilèges et en accorda d'autres en 1204 et en 1209. Saint-Sébastien reçut les visites d'Alphonse X en 1280, de Sanche IV, qui accorda des privilèges au couvent de San Bartolomé, en 1286, de Pierre le Cruel en 1366, et de Henri IV en 1457.

En 1512, la population se défendit si vaillamment contre les Français que Charles Ier accorda à la ville les titres de *Noble* et *Leal* (loyale). En 1562, Philippe IV lui donna le titre de *Ciudad* (cité) et en 1699, Charles II ajouta *Muy* (très) aux qualificatifs Noble et Leal. En 1719, la ville, manquant de vivres et de munitions, dut se rendre au duc de Berwick, après un siège de deux mois et une résistance héroïque.

De tous les incendies dont Saint-Sébastien eut à souffrir depuis 1278, aucun ne fut aussi désastreux que celui allumé en 1813 par l'armée anglo-portugaise, commandée par Graham. Le général Rey, qui tenait Saint-Sébastien, ayant refusé de recevoir un parlementaire le 17 juillet, des assauts répétés furent donnés; après une lutte sanglante, les Anglo-Portugais entrèrent dans la ville le 31 août, pendant que les troupes françaises se réfugiaient au Château. La population avait accueilli les coalisés en libérateurs; pour toute récompense, ceux-ci se conduisirent en vrais sauvages, promenant partout le brandon incendiaire : il ne resta debout que 40 maisons sur 600 que comportait la ville, et les habitants, affolés et sans asile, durent se réfugier dans tous les villages des environs. Saint-Sébastien semblait ne devoir jamais renaître de ses cendres, quand les patriotes sébastianais, à la célèbre assemblée de Zubieta, décidèrent de reconstruire la ville, et rappelèrent la population.

En 1835, la ville fut assiégée par les carlistes. La reine Isabelle II la visita fréquemment à partir de 1845, et Saint-Sébastien fut sa dernière étape sur le sol espagnol lorsqu'elle partit en 1868 pour l'exil. Amédée Ier y vint en 1871, et Alphonse XIII y entra en 1876 à la tête de son armée, au cours de la répression de l'insurrection carliste : l'armée carliste avait bombardé Saint-Sébastien du mont Mendizorrotz. Deux illustrations sébastianaises méritent une mention dans ce résumé de l'histoire de la ville : Antonio Oquendo et Catalina de Erauso. Né à Saint-Sébastien en 1577, Oquendo, qui devint amiral général des flottes espagnoles, acquit une telle réputation que l'amiral hollandais Tromp, à qui l'on reprochait de ne pas s'être saisi de la frégate d'Oquendo, répondit que la flotte espagnole avec Oquendo était invincible. Oquendo prit part à cent combats, et ne fut jamais vaincu. Il mourut à la Corogne en 1640, et ses compatriotes reconnaissants lui ont élevé une statue sur le quai de la Zurriola.

Catalina de Erauso, plus connue comme la *Monja alféres* (nonne-enseigne), naquit à Saint-Sébastien en 1585, s'échappa d'un couvent de l'Antigua à l'âge de quinze ans, revêtit le costume d'homme, gagna l'Amérique et, sans que son sexe fût découvert, entra dans la carrière militaire, se fit remarquer en maints combats par sa vaillance, et garda la plus austère vertu dans les milieux les plus licencieux. Elle obtint le grade d'enseigne, vint en Italie, où elle fut reçue par le pape Urbain, et s'établit définitivement, à partir de 1645, à Mexico, où elle mourut.

Saint-Sébastien, étranglé dans le corset de pierre de ses murailles, ne pouvait s'agrandir; il obtint de les démolir. La démolition, commencée en 1863, fut terminée en 1865, et l'empereur Napoléon III, qui venait souvent de Biarritz à Saint-Sébastien avec l'impératrice Eugénie, passa par la première brèche. Depuis, la ville n'a cessé de s'étendre, et son choix comme séjour d'été du Roi et de la Cour en a fait le bain de mer à la mode du nord de l'Espagne.

Emploi du temps.

Une demi-journée suffit pour voir la ville de Saint-Sébastien. Le touriste pressé, qui n'a qu'un jour à lui consacrer, devra, dans l'après-midi, monter au mont Ulia par le tramway, à moins qu'il n'ait pas vu Fontarabie, car Fontarabie est l'excursion indispensable pour tout Français qui aborde l'Espagne par ce côté. Mais on a généralement visité Fontarabie, d'Irun ou mieux de Hendaye avant d'arriver à Saint-Sébastien. Une deuxième journée sera

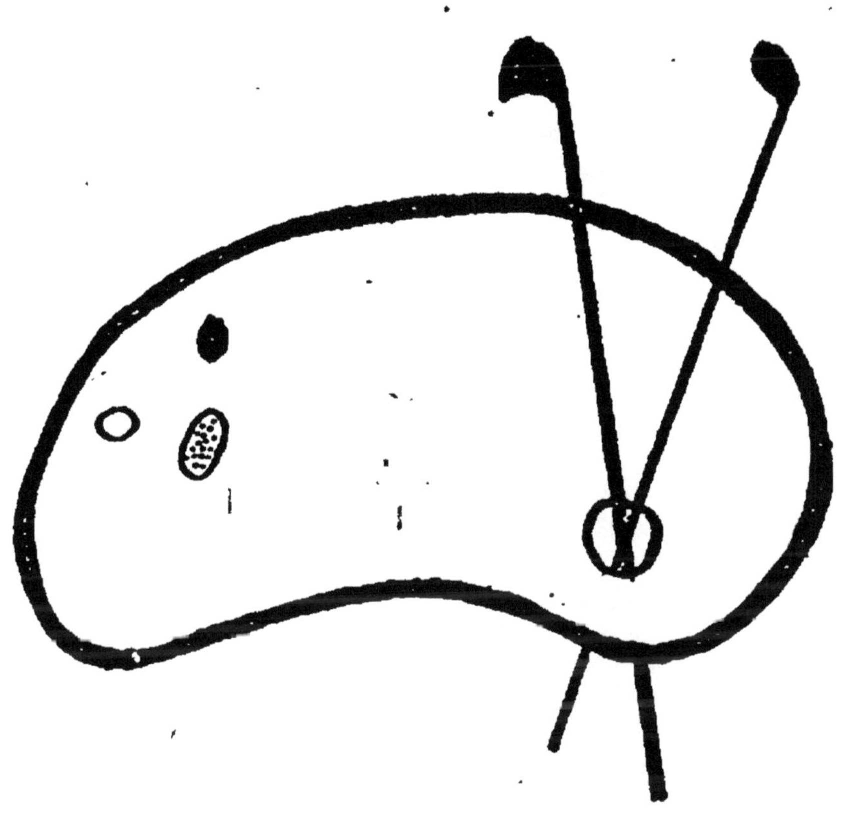

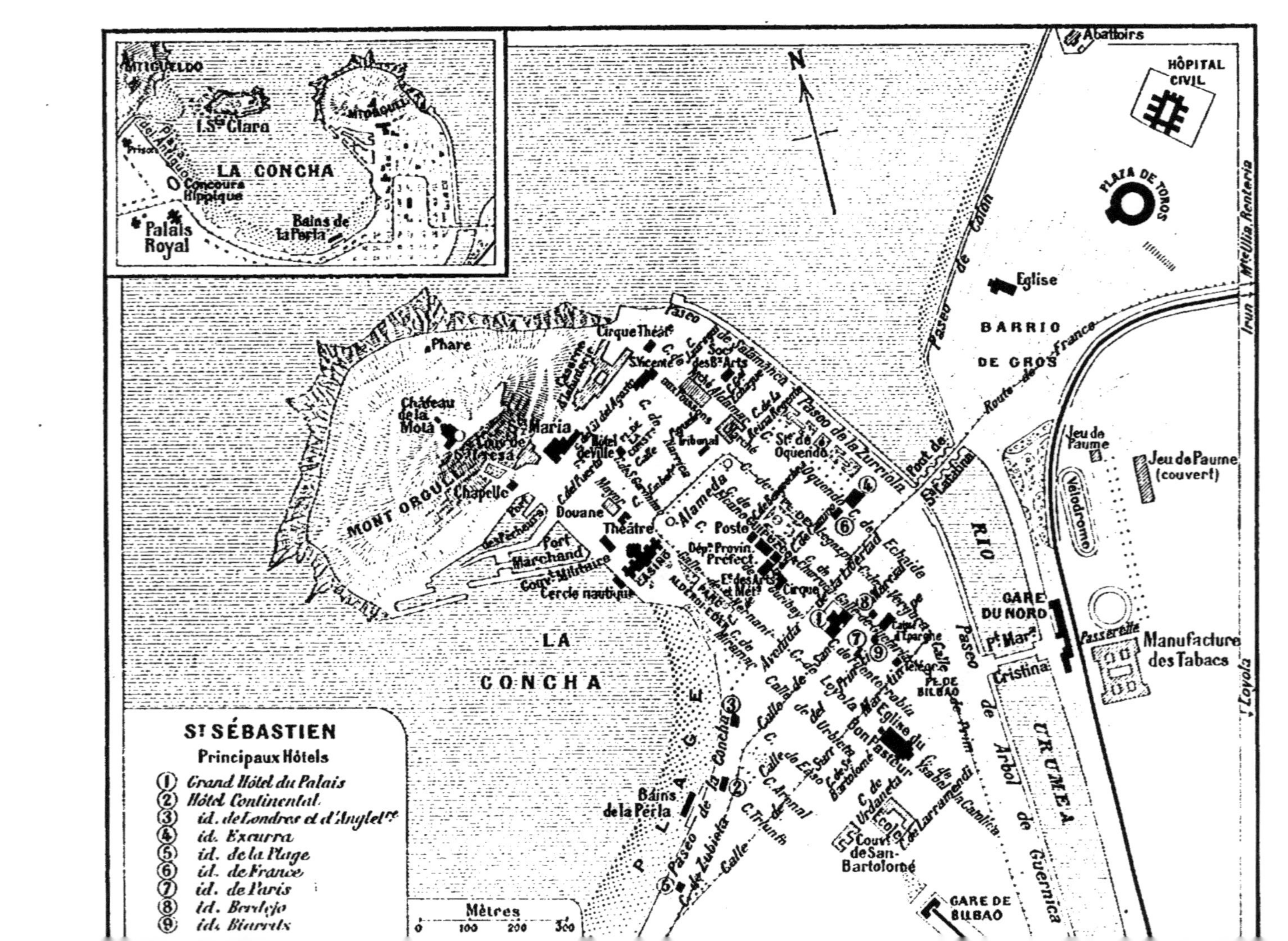

St SÉBASTIEN
Principaux Hôtels
1 Grand Hôtel du Palais
2 Hôtel Continental
3 id. de Londres et d'Anglet.re
4 id. Excurra
5 id. de la Plage
6 id. de France
7 id. de Paris
8 id. Berdejo
9 id. Biarritz
Mètres
0 100 200 300
LA CONCHA
I. Sta Clara
Concours Hippique
Palais Royal
Bains de la Perla
Abattoirs
HÔPITAL CIVIL
PLAZA DE TOROS
Eglise
BARRIO DE GROS
Paseo de Colon
Route de France
Jeu de Paume
Jeu de Paume (couvert)
Vélodromo
Manufacture des Tabacs
Passerelle
GARE DU NORD
RIO URUMEA
Paseo de Arbol de Guernica
GARE DE BILBAO
Phare
Château de la Mota
MONT ORGULL
Chapelle
Douane
Théâtre
Casino
Port Marchand
Cercle nautique
Gouv.t Militaire
Cirque Théât.re
Paseo de Salamanca
Paseo de la Zurriola
Alameda
Poste
Dép.t Provin. Préfect.
Cirque
Hôtel de Ville
Tribunal
Marché
Couv.t de San-Bartolomé
Eglise du Bon Pasteur
Calle de Urbieta
Calle de Fuenterrabia
Calle de Loyola
Avenida
Paseo de la Concha
Bains de la Perla
Calle de Zubieta
C. Triunfo
C. Arenal
PLAGE
Irun
Loyola

agréablement consacrée à l'excurs. de San Ignacio (*V.* p. 38). Enfin, il faut aller à Pasajes par le tram et de là en barque à San Juan.

Direction.

La gare du chemin de fer du Nord (lignes de France par Irun et de Madrid; omnibus et voit. de place) se trouve sur la rive dr. de l'Urumea, en face du nouveau *pont María Cristina*, en ciment armé, que l'on franchit pour suivre à dr. le *Paseo de Arbol de Guernica*, beau quai sur la rive g. de la rivière. On atteint le *pont de Santa Catalina*, sur lequel passe le tram de Pasajes et de Renteria, et au delà duquel, sur la rive g., s'étend le paseo de la Zuriola avec la statue d'Oquendo (*V.* ci-après). En face du pont s'ouvre la magnifique avenue bordée d'arbres, dite **avenida de la Libertad** (*avenue de la Liberté*). Sur cette avenue se trouve à g. le *Grand-Hôtel du Palais*, en face duquel, à dr., la **calle de Churruça** conduit à la *plaza de Guipuzcoa*, dont le côté g., à arcades, est occupé par le **Palais de la Diputacion** (Diète provinciale : voir la *salle des séances* et le *vitrail* de l'escalier; *correos*, bureau de poste), et le côté dr. par un très beau square bien dessiné, avec pièce d'eau. Le palais de la Diputacion borde (à g.) la *calle de Andia*, où se trouvent la *Bibliotheca municipal* (ouverte de 10 h. à midi et de 4 h. à 8 h. du s.) et le *musée de peinture*, ouvert t. l. j. aux étrangers. La calle de Andia aboutit au parc Alderdi-Eder (*V.* ci-dessous).

A g. de l'avenida de la Libertad se détache la *calle de Loyola*, à l'extrémité de laquelle s'élève la belle **église** moderne du **Bon-Pasteur**, construite dans le style gothique. Le portail est surmonté d'un clocher avec flèche.

L'avenida de la Libertad se termine à l'extrémité de la Concha, au fond de la baie. Si l'on veut d'abord voir la plage, on prendra à g., laissant du même côté la *calle de Easo*, le **paseo de la Concha**, qui domine (à dr.) la belle plage de sable et l'établissement de bains de mer de la *Perla del Oceano* (*V. Bains de mer*), et que bordent à g. l'*hôtel de Londres et d'Angleterre*, l'*hôtel Continental* et de riches villas.

Après avoir vu à dr., sur la plage, la *cabine royale*, de style mauresque, surmontée d'une couronne, on aperçoit à g., sur la hauteur, le *Palais royal* ou **Real Casa de Campo de Miramar**, vaste, mais très simple villa du genre anglais, terminée en 1893, et entourée de beaux jardins. La route de la Concha passe en tunnel sous les terrains du palais (jardins en terrasse) et longe à dr. la plage de sable de l'*Antiguo* (cabines; en face, très belle vue sur l'îlot de Santa Clara, le fort de la Mota, la vieille ville, à dr. sur toute la Concha), au bout de laquelle se trouve le vaste terrain du *concours hippique*; à g. est la *prison*. En continuant de longer à g. les murs de soutènement des jardins royaux, on arrive, après avoir laissé à g. l'entrée du **Palais**, à la *plaza Alfonso XIII* (*église* moderne), où l'on peut prendre le tramway pour revenir au point de départ, à l'extrémité de la Concha, ou bien jusqu'à la plaza Vieja ou de l'Alameda, près du Gran Casino.

Si, au contraire, au lieu de prendre à g. pour la Concha à l'extrémité de l'avenida de la Libertad, on prend à dr., on traversera d'abord une place irrégulière bordée de tamaris, sur le côté dr. de laquelle, face à la mer, se trouve la *calle de Miramar* (restaurant du *Cercle Cantabrique*). Au bout de la place, ayant à g. le fond de la baie et à dr. la calle du Miramar, on arrive au **parc Alderdi-Eder**, petit mais bien planté, que l'on traverse pour déboucher devant le Grand Casino, à g. duquel, au bord de la mer, est le *Cercle nautique*. Le côté g. du parc forme terrasse au-dessus de la baie, et le côté dr. est longé par la **calle de Hernani**, qui se trouve exactement dans l'axe de la calle Mayor et de l'église Santa Maria (*V.* ci-après), offrant une belle perspective sur les flancs boisés du mont Orgullo. A dr. de la calle de Hernani, dans l'angle de l'allée centrale qui divise le parc en deux sections, s'ouvre la *calle de Peñaflorida*; plus loin, du même côté dr., commence l'Alameda (*V.* ci-dessus).

L'île des Faisans.
Cliché Frois.

Le Palais-Royal. — Cliché Viguié.

Le Gran Casino, ouvert toute l'année, bel et vaste édifice encadré par les pentes boisées de l'Orgullo, est précédé d'une terrasse longue de 100 m. sur 8 m. de largeur, où la musique se fait entendre, du 1er juillet au 31 octobre, de 5 à 7 h. et de 9 h. 30 à 11 h. du s. Ce Casino, somptueusement décoré, est, avec ses fêtes continuelles, aussi bien l'hiver que l'été, le rendez-vous des étrangers; les bals du samedi, pendant le séjour de la Cour, constituent un véritable régal des yeux.

Le sous-sol est occupé par les locaux du personnel, les magasins, les cuisines, les bains chauds (entrée spéciale par le jardin, côté de l'Alameda) et la salle d'escrime. On pénètre dans un grand vestibule sur les côtés duquel sont les bureaux de la direction et le vestiaire. Au rez-de-chaussée se trouvent également le salon de lecture, les petits chevaux, le salon des dames, le salon de toilette, le restaurant et le café. De la rotonde qui suit le vestibule, un escalier monumental monte à un premier palier sur lequel s'ouvre la *salle des Fêtes*, longue de 30 m., large de 27 et haute de 14 m., avec deux rangées de loges. Sur les côtés sont disposées des serres sous lesquelles se trouvent des salles de bains. Au 1er étage sont le salon de conversation et le *Cercle Easonense* (n'y pénètrent que les membres), celui-ci desservi par un escalier spécial.

Le port marchand. — Cliché P. Viguié.

Le Casino de Saint-Sébastien est très fréquenté dans le plein de la saison des bains de mer, de la mi-juillet à la fin de septembre, pendant le séjour du Roi et de la Cour, qui amènent à leur suite le monde fashionable madrilène et la grandesse espagnole. C'est alors une succession ininterrompue de fêtes et un déploiement de luxe extraordinaire, où se révèlent les goûts de toilette et la vie d'extériorité du monde espagnol. Les bals de gala du samedi principalement constituent un réel spectacle pour un étranger, par la beauté et la grâce des danseuses.

Derrière le Casino se trouve l'*hôtel du gouvernement militaire.*

En longeant la mer à g., on arriverait au *port*, petit et protégé par quatre jetées, et dont le mouvement est assez important, malgré les difficultés des passes d'entrée et la concurrence de Pasajes, qui absorbe tout le mouvement des gros navires; il y a beaucoup de barques de pêche (le déchargement du poisson, au retour de la pêche, prête à des scènes pittoresques) et de canots de promenade, maniés avec une grande dextérité par des bateliers.

En face de l'entrée du Casino et sur la dr. de la calle de Hernani s'ouvre l'**Alameda** ou *Boulevard*, large artère plantée d'arbres, qui se prolonge jusqu'aux jardins entourant la statue d'Oquendo (V. ci-dessus) et sur laquelle, à g., la *calle de San Geronimo* débouche, derrière l'Ayuntamiento, dans la *calle del Puerto*, qui, à dr., mène à la plaza de la Constitucion (V. ci-dessus). La partie de l'Alameda très fréquentée par les étrangers est celle qui s'étend entre le Casino et le *kiosque* où la *Banda municipal* se fait entendre de midi à 1 h. et de 9 à 11 h. du s., et surtout le côté dr., en partie occupé par le *café L. Kutz*. Plus désert est le côté g., où la *plaza de l'Alameda* (ou *Vieja*), point central de toutes les lignes des tramways, se présente à l'entrée de la **calle Mayor**, sur laquelle on voit à g. le *théâtre* (*Teatro principal*; salle de spectacle d'hiver), et qui croise la calle del Puerto (V. ci-dessus), rue allant du port (à g.) à la plaza de la Constitucion (à dr.).

Le fond de la calle Mayor est occupé par l'**église Santa Maria**, pour ainsi dire plaquée aux flancs boisés du mont Orgullo, et à g. de laquelle se trouvent les montées du Château (*V. Promenades et excursions*, 1°). Construite en 1743, elle offre une façade remarquable par ses sculptures, et flanquée de deux tours peu élevées. La garnison y vient entendre la messe le dimanche mat., à 8 h.

L'intérieur est remarquable par l'ampleur imposante de ses 3 nefs (52 m. de long sur 35 m. de larg.), les nervures des voûtes, et surtout par la tribune, qui occupe au bas de l'église toute la largeur de l'édifice. Il faut aussi signaler : — les peintures du maître-autel et les deux médaillons, par Robert Michel, des panneaux latéraux de son retable; — à l'autel de St Pierre, une sculpture d'Arismendi, figurant le *Prince des Apôtres*; — l'autel de Ste Catherine, œuvre de Jean de Mena. — *Orgue* de la maison Cavaillé Coll.

A dr. de Santa Maria, la *calle del 31 de Agosto* conduit à l'embouchure de l'Urumea (rive g.) et au *Rompe-Olas* ou briselames, laissant à dr. l'église San Vicente, située entre cette rue et la *calle de San Vicente*, puis, du côté opposé (à g.) une caserne, pour aboutir au *théâtre-cirque de Bell-Jai* (théâtre d'été et à une terrasse sur la mer.

San Vicente, reconstruit en 1507, est, sauf la porte latérale et la sacristie (de style gréco-romain), un édifice gothique à trois nefs fort élevées et d'égale hauteur.

Le retable du maître-autel, véritable monument en bois doré qui monte jusqu'à la voûte, est divisé en de nombreux compartiments renfermant des scènes religieuses ou des statues de saints. En haut de la nef g., un autre retable (Renaissance), moins élevé, présente une disposition analogue; le sculpteur Felipe Arismendi y a figuré la *Sainte Famille* dans un grand médaillon.

La *calle de Narrica*, qui longe à g. l'église San Vicente, puis à dr. la *calle de Iñigo*, conduisent à la plaza de la Constitucion,

Porte d'entrée de Fontarabie.
Cliché Viguié.

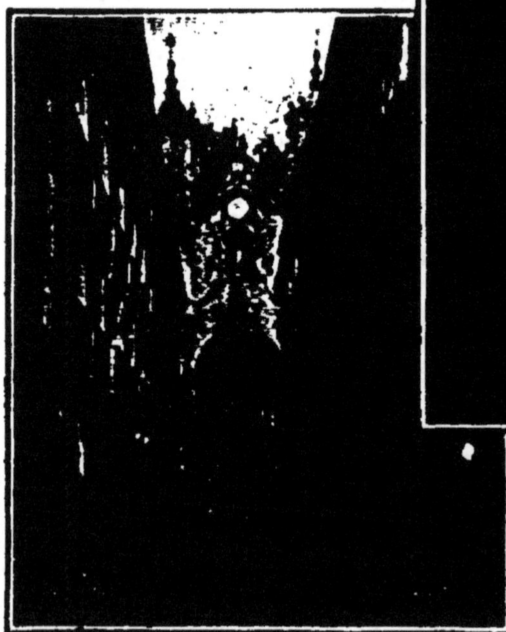

Église Santa Maria, à Saint-Sébastien.
Cliché Moreno.

entourée de maisons régulières à arceaux, aux balcons numérotés (parce qu'ils servaient de tribunes payantes, lorsque les courses de taureaux se faisaient sur la place), et dont tout un côté est occupé par l'Ayuntamiento ou *Casa consistorial* (hôtel de ville; 1828-1832), dont la première pierre fut posée en 1828, par le roi Ferdinand VII. On peut le visiter (entrée sous les arcades; on explique en espagnol).

Des deux côtés du *grand escalier*, marines rappelant des victoires d'Oquendo. — Au haut de l'escalier, à dr., le bureau du maire ou alcalde; — à l'étage supérieur, *salon* avec curieux tableau à la plume de Besner è Ixigoyen; à dr., plumes ayant servi à faire le tableau et, à g., portrait de l'auteur. — *Salon de réception*, avec trône pour le souverain : des deux côtés, vases de Sèvres donnés par Napoléon III et l'impératrice Eugénie. — *Antichambre* : gravures représentant le débarquement de Napoléon et Eugénie à Saint-Sébastien en 1856; tableau avec les armes de Saint-Sébastien brodées à la main; autre tableau brodé à la main, avec la couronne royale, donné à la milice de Saint-Sébastien. — *Salle des sessions, salle des séances du conseil municipal, archives municipales et cabinet du secrétaire.*

De la plaza de la Constitucion, regagnant l'Alameda par la calle de San Geronimo (*V.* ci-dessus), on suivra à g. cette artère jusqu'à son débouché sur les jardins qui s'étendent entre la *calle de Oquendo* et le *Paseo de la Zurriola*, quai longeant la rive g. de l'Urumea; au milieu de ces jardins se dresse la *statue* en bronze *de l'amiral Oquendo* (*V. Histoire*), œuvre de Marcial Aguirre. Le piédestal, en marbre, est orné des figures allégoriques de la *Guerre* et de la *Marine*, et les bas-reliefs, en bronze, représentant les faits les plus mémorables de la carrière du héros, surnommé « l'Invincible ».

Si, de là, suivant à g. ou en aval le *paseo de Salamanca*, qui fait suite au paseo de la Zurriola, à partir du débouché de la *calle de la Reina-Regente* (prolongeant le côté g. de l'Alameda, au delà du *marché*), on se dirigeait vers le Rompe-Olas ou brise-lames (*V.* ci-dessus), on verrait s'ouvrir à g., dans un quartier neuf, la *calle de la Euskal-Erria*, où se trouvent le *Palacio de Belles-Artes* (*Société des Beaux-Arts*), et, à côté, l'*Académie de Musique*.

Si, en sens inverse ou en amont, on suit le paseo de la Zurriola (*V.* ci-dessus), en laissant à sa dr. l'*hôtel Ezcurra*, on arrive à l'avenida de la Libertad (à dr.) et au pont de Santa Catalina (à g.), par lequel on regagne la gare du Nord.

PROMENADES ET EXCURSIONS

1° Promenade du Château.

Superbe promenade de 40 à 50 min., très recommandée, surtout le matin ou après 5 h. du s.; la montée est assez pénible pendant les heures chaudes.

On part de l'église Santa Maria (*V.* ci-dessus), où l'on a le choix entre deux chemins à g. de l'église, l'un (plaque indicatrice en espagnol, en français et en anglais) indiqué par une main et qu'il vaut mieux suivre au retour qu'à l'aller, à cause de la vue. L'autre chemin, tout à côté, à dr., laissant à g., au-dessus de marches, la chapelle du couvent de Santa Teresa, s'élève par une rampe pierreuse, sur les flancs du mont Orgullo, dans l'enceinte, ouverte toute la journée, du château de la Mota, à partir de l'entrée dans cette enceinte de la forteresse, on jouit d'une succession de vues splendides sur la mer, l'embouchure de l'Urumea et plus loin, sur les montagnes de la côte de Biscaye.

20 min. Au sommet de la montée, on laisse à g. un chemin qui monte au **Château** (défense d'y pénétrer), puis, du même côté, dans les gazons, se montre le cimetière anglais, composé surtout des sépultures des officiers anglais morts en 1836-1837, en défendant Saint-Sébastien contre les carlistes, et de leurs familles.

1re tombe : Sarah, femme de John Callander, chirurgien et inspecteur-géné-

L'Ayuntamiento. — Le Château. — Clichés Frois.

ral des hôpitaux (✝ 1827) et leur fille Mary-Matilda (✝ 1836); — 2e rangée, comprenant deux sépultures : en avant, celle de William Tupper, colonel, mortellement blessé à la prise d'Ayete, le 5 mai 1836; en arrière, celle du colonel Oliver De Lancey, adjudant-général de la légion britannique, tombé au moment de la victoire, sur les hauteurs de Hernani, le 15 mars 1837; — un peu plus loin, tombe du maréchal de camp Manuel de Guerrea, mort au camp d'Andoain, le 29 mai 1837; — plaque commémorative sur un gros bloc de rocher, puis quelques tombes avec inscriptions en partie effacées, et, sur le rocher qui porte la citadelle, pierre ouvragée et précédée d'un jardinet grillagé, à la mémoire de don Pedro José de Berasaluce y Elorza, gouverneur du château de la Mota (✝ 1866).

On descend en vue des monts Cantabres. A dr., on découvre le mont Igueldo et son phare, l'îlot de Santa Clara et la plage de l'Antiguo avec la prison.

On sort du fort par une terrasse portant des canons, puis un chemin ombragé, offrant la vue entière de la Concha, descend à une poterne près de l'église Santa Maria.

2° Mont Ulia.

Tram électrique de l'Alameda; dép. t. l. 15 min. jusqu'à 10 h. s.; trajet en 30 min.; 1 p. 50 aller et retour; funiculaire aérien du restaurant au sommet (1 p. all. et ret.). — *Promenade très recommandée.*

Le tram suit le faubourg de France et, un peu au delà de la bifurcation qui précède la halte d'Ategorrieta, s'élève sur le flanc S. du *Mont Ulia*, colline aux formes harmonieuses qui se dresse entre l'embouchure de l'Urumea et le goulet de Pasajes. La voie contourne la montagne (à g., très belle vue sur la mer et Saint-Sébastien), puis s'engage dans un petit vallon sauvage que domine à g. une crête boisée de pins, et décrit enfin un dernier contour.

3 k. 5. *Pavillon-restaurant* (déj. 5 p., dîn. 6 p.), à 200 m. d'alt. De la terrasse qui le précède, on découvre une vue magnifique. Des allées, des plantations et des pelouses ont été créées autour de ce pavillon (tennis; croquet; tir aux pigeons).

De là on peut gagner par un chemin pittoresque ou par le funiculaire le sommet de la montagne ou *Peña del Aguila* (230 m. d'altitude; vue étendue sur les montagnes et la mer), d'où l'on peut descendre à pied, sans fatigue, par les bois de pins (très belles vues), en dominant de belles pentes rocheuses, sur Saint-Sébastien.

3° Ilot de Santa Clara.

On trouve des barques au port; 1/2 pes.

En quelques min. les barques abordent à l'*îlot de Santa Clara*, situé au milieu de l'entrée de la baie. Très belles vues, surtout du *phare*, sur la mer, la plage et la ville.

4° Mont Igueldo.

1 h. O., à pied, par les sentiers, 2 h. par la route. — Voit. de place, 5 p. la 1re heure, 3 p. chaque heure suivante.

La route de voit. commence à la plage de l'Antiguo, près de la nouvelle prison. On fera bien, si l'on veut faire la course à pied, de prendre le tram jusqu'au terminus de *Venta Berri*. Là, à côté de la brasserie Kutz, se détache le sentier qui s'élève par une pente facile. — 45 min. *Barrio d'Igueldo* (*église San Pedro*, du XIIe s.). — 1 h. *Tour de signaux d'Igueldo* (184 m.). — Vue de mer de toute beauté, plus belle encore du point culminant (au S.-O.; 233 m. d'altit.).

5° Pasajes, Lezo et Renteria.

A l'E. — Chemin de fer du Nord, ligne d'Irun, tram ou voit. de place; mais l'excurs., pour être intéressante, doit être faite par le tramway et partie à pied en suivant l'itinéraire ci-après; elle demande une demi-journée.

On prend à l'Alameda ou à l'avenida de la Libertad le tram pour (40 c.) Pasajes-Ancho. — Le tram, après avoir franchi l'Urumea sur le pont de Santa Catalina, s'engage dans le populeux et industriel faubourg du barrio de Gros, où commence la route de France, et suit d'abord la route de voit. qu'il quitte bientôt (à g., ligne du Mont Ulia) pour s'arrêter à la station d'*Algorrieta*. Au delà il se tient à g. de la voie ferrée, puis s'élève au-dessus de celle-ci, passe dans un tunnel et rejoint la route près de la croisée de chemins de *Miracruz* (arrêt). On laisse ensuite à g. la route de Pasajes-San Pedro (*V.* ci-dessous), et, en contre-bas, de nombreux chais au bord de quais sillonnés de voies ferrées.

23 à 30 min. (5 k.). Terminus du tram de *Pasajes*, au bas d'une côte (si l'on est dans un tram allant jusqu'à Renteria, descendre en haut de la côte, d'où une rampe à g. mène à l'embarcadère des barques). Cette côte gravie, on aperçoit à g., au delà du bassin, Pasajes-San Juan (*V.* ci-dessous), pittoresquement blotti contre le Jaizquibel, et, après être passé avec la route au-dessus de la voie du ch. de fer du Nord, on descend au quai des Transatlantiques, où se trouvent les agences des Cies maritimes et l'agence consulaire de France. Cette partie de Pasajes, dite *Ancho*, qui possède la stat. du ch. de fer du Nord, est la plus moderne et la plus mouvementée, mais non la plus pittoresque de ce port, le meilleur de toute la côte de Biscaye (c'est là que Lafayette s'embarqua pour la guerre de l'indépendance américaine), devenu très important grâce au commerce des vins, qui est presque entièrement, de même que la distillerie des eaux-de-vie, entre des mains françaises. Des services réguliers mettent Pasajes en relations (marchandises et émigrants seulement) avec Rio-de-Janeiro, Santos, Montevideo et Buenos-Ayres.

On descend au quai, que l'on suit à dr. jusqu'à l'embarcadère des barques (25 c. minimum par pers.). On laisse à g. *San Pedro*, composée d'une étroite rue dite *calle Unica*, resserrée entre la falaise du mont Ulia et la rive O. du goulet, avec une *église* à trois nefs, du XVIIIe s., et les restes d'une tour de défense de 1621.

[De San Pedro, course intéressante de 4 h. à pied, par le chemin de la falaise, qui domine le goulet, au *phare*.]

On débarque de l'autre côté du goulet, à **San Juan** (restaurant avec terrasse), formé d'une rue adossée au Jaizquibel appelée, comme à San Pedro, *calle Unica*, et parfois si resserrée qu'elle est obligée de passer sous des maisons (beaucoup sont anciennes et décorées d'écussons). La *maison de Victor Hugo* porte la plaque suivante : En 1843, ici vécut Victor Hugo; hommage de deux Français en 1902.

Au 1er étage (la clé est au n° 56) deux chambres sont ornées de dessins, gravures, photographies, autographes, bustes, médaillons et souvenirs. Du balcon la vue est charmante.

Après avoir vu l'*église*, du XVIe s., on montera en quelques minutes (on est obsédé par les gamins qui s'offrent à conduire les visiteurs) par le chemin de la Corniche, au *Castillo*, ruiné, pour voir les passes; le sémaphore s'aperçoit sur la falaise. à dr.

[De San Juan, très belle et très intéressante course de 4 h. à pied à N.-D de Guadalupe (*V.* 6e), par le chemin de chars qui suit la crête du Jaizquibel (calvaire sur le chemin); de N.-D. de Guadalupe, on descend en 30 min. à Fontarabie (*V.* 6e).]

De San Juan, on se rendra à Lezo, soit en barque, soit par le joli chemin qui longe la côte N. de la partie E. du bassin.

Lezo (9 k. de Saint-Sébastien par la route), ancienne « Université », a gardé de son antique splendeur de vieilles maisons de pierre aux façades ornées d'énormes écussons. Mais les étrangers y sont surtout attirés par sa *basilique du Santo Cristo*, fondée par saint *Léon*, évêque de Bayonne, et reconstruite au XVIIe s.; son Christ miraculeux, qui passe pour donner à ceux qui l'implorent « la santé, de l'argent et un bon mari (*salud, dinero y un buen marido*) », est un but de pèlerinage, et la fête de l'Exaltation de la Sainte-Croix y attire beaucoup de monde le 14 septembre. Aux approches du sanctuaire, on est poursuivi par des señoritas qui offrent aux visiteurs des cierges à faire brûler devant le Christ.

On passe devant une fabrique de minium séparée par le canal de la fonderie de *Capuchinos*, on traverse à niveau la voie ferrée, et l'on arrive à Renteria.

Renteria (7 k. de Saint-Sébastien par la route) est une bourgade très industrielle (papeterie; fabrique de biscuits Olibet, etc.), terminus du tram de Saint-Sébastien et desservie par une gare de la voie ferrée d'Irun; elle possède une *église* du XVIe s., digne d'une visite (beau retable de 1784, en jaspe, par Ventura Rodriguez).

[A 3 k. S.-E. (route de voit.), *Oyarzun* possède l'antique *église San Esteban* et, sur la place, la mairie ou *Casa Consistorial*, où fut installée, en 1823, la Junte de Régence au nom de Ferdinand VII.]

On reviendra de Renteria à Saint-Sébastien par le tramway (60 c. jusqu'à l'Alameda).

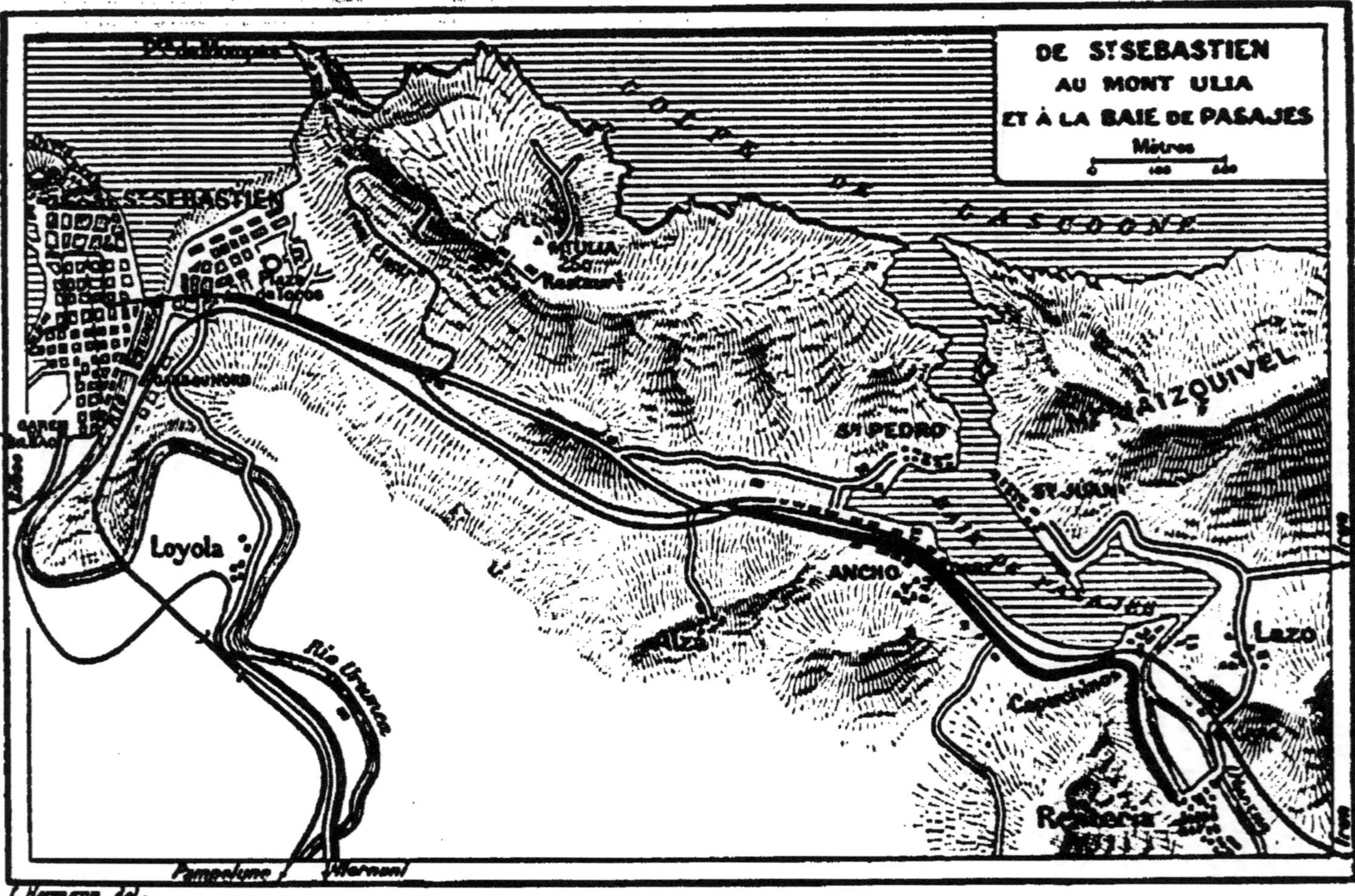

DE St SEBASTIEN
AU MONT ULIA
ET À LA BAIE DE PASAJES
Mètres
ST SEBASTIEN
Plaza de Toros
Mt ULIA
Restaurt
GOLFE DE GASCOGNE
St PEDRO
ST JUAN
AIZQUIVEL
ANCHO
Lazo
Capuchinos
Loyola
Rio Urumea
Pampelune
Hernani
L. Homann, del.

6° Fontarabie.

A l'E.-N.-E. — Excurs. très recommandée, qui demande une journée entière.

A. En voiture (20 k. 5; voit. particulière, 25 à 35 pesetas aller et ret.; pas conseillé; la route est curieuse, avec parties pittoresques, mais son intérêt n'est pas en proportion avec la dépense, et il vaut mieux aller en ch. de fer jusqu'à Irun et de là à Fontarabie par le tramway). — On sort de Saint-Sébastien par le pont de Santa Catalina. — 4 k. Miracruz (*V*. 5°), où on laisse à g. la route de Pasajes-San Pedro, pour passer au-dessus de la voie ferrée. — 5 k. Pasajes-Ancho (*V*. 5°). — 7 k. 8. Renteria (*V*. 5°). — Le trajet devient très pittoresque; la route est dominée à g. par le Jaizquibel; elle croise plusieurs fois la voie ferrée. — — 17 k. 8. On quitte la route de France pour prendre à g. (N.) celle de Fontarabie, près de la stat. d'Irun (*V*. ci-dessous, *B*). — 20 k. 5. Fontarabie (même renvoi).

B. Par la gare d'Irun (20 k.; 17 k. par le ch. de fer de Saint-Sébastien à Irun; traj. en 30 à 42 min.; 2 p., 1 p. 50 et 90 c.; pas de billets d'aller et ret.; 3 k. par le tramway de la gare d'Irun à Fontarabie; 25 c. pour la marine, 30 c. pour le terminus de la plage; le tramway correspond avec tous les trains). — La voie, quittant bientôt la vallée de l'Urumea, pénètre dans plusieurs tranchées successives. — 6 k. *Pasajes*, stat. établie à Ancho (*V*. 5°). — Tunnel de *Capuchinos* (195 m.) — 7 k. *Lezo-Renteria*, stat. qui dessert à g. Lezo (*V*. 5°) et à dr. Renteria (*V*. 5°). — Tunnel de *Gainchurisqueta* (466 m.), puis tranchées profondes.

17 k. *Station d'Irun* (buffet et buvette).

(La gare d'Irun est distante de 7 à 800 m. de la localité de ce nom, et on ne passe pas par la ville pour aller à Fontarabie. De la gare même partent les tramways pour les deux localités. La voie est commune jusqu'à un petit pont où le tramway de Fontarabie suit la route à g., tandis que le tramway d'Irun suit à dr. une belle avenue, bordée de superbes constructions neuves.

Irun, 9,912 hab., est une ville d'une grande importance commerciale et qui s'est notablement embellie et agrandie depuis quelques années. L'avenue suivie par le tramway conduit à un somptueux *casino* et à la *plaza de la Constitucion*, où se trouve l'*hôtel de ville* (XVII° s.). On descend ensuite à la place en terre-plein où s'élève l'*église de Nuestra Señora del Juncal*, réédifiée en 1508, type de l'architecture religieuse du Guipuzcoa pendant la Renaissance; elle renferme un retable de 1647 de l'architecte Bernabé Cordero, sculpté par Juan Bacardo, des fonts en marbre remarquables (dans la sacristie) et, dans la nef, le tombeau de l'amiral Pedro Zubiarre (1568), enfant d'Irun.

De l'église on pourrait descendre à g. à la *calle de Santiago*, sorte de ghetto animé et coloré, avec ses maisons aux fenêtres et aux balcons desquelles pendent des linges et étoffes bariolés, et d'où un sentier à g. conduit au bac pour Hendaye (superbes types de batelières basques), mais

Pasajes : la rade et le goulet. — Cliché Frois.

l'excurs. que font généralement, d'Irun, les touristes, est celle de l'île des Faisans (1 k. 7 d'Irun) : on s'y rend par la route de Béhobie ou de France, qui franchit la Bidassoa sur un pont international; l'île précède le pont : du côté espagnol, on n'y va qu'en barque.

L'île des Faisans ou *de la Conférence*, territoire neutre, n'a d'intérêt que par les souvenirs historiques qu'elle rappelle; ce n'est qu'un îlot presque à fleur d'eau, dont pilotis et pierrés assurent seuls la conservation, mais qui offre d'assez beaux ombrages. Un petit monument y porte une inscription en français et en espagnol, dont voici la version française : *En mémoire des conférences de 1659, dans lesquelles Louis XIV et Philippe IV, par une heureuse alliance, mirent fin à une longue guerre entre les deux nations, Napoléon III, empereur des Français, et Isabelle, reine des Espagnes, ont rétabli cette île l'an 1861.*

Batelière d'Hendaye. — Cliché Jalon.

C'est, en effet, dans l'île des Faisans que, en 1659, le cardinal Mazarin vint s'entendre avec don Luis de Haro, pour traiter de la paix dite *paix des Pyrénées*, cimentée par le mariage de Louis XIV avec l'infante Marie-Thérèse. Ce n'est pas le seul souvenir historique que rappelle l'île des Faisans. Là eut lieu, en 1469, une conférence entre Louis XI, roi de France, et Henri IV, roi de Castille. En 1526, ce fut près de l'île des Faisans que cessa la captivité de François Ier. L'échange du roi captif contre ses deux fils qu'il donnait en otages, eut lieu dans une barque, au milieu de la Bidassoa. Plus tard, en 1615, les ambassadeurs de France et d'Espagne vinrent échanger deux fiancées sur l'îlot : Isabelle, fille de Henri IV, roi de France, destinée à Philippe IV, et la sœur de ce dernier, Anne d'Autriche, destinée à Louis XIII. De l'autre côté du pont international, sur la rive dr. de la Bidassoa, on trouve le ham. français de *Béhobie*, relié à *Hendaye* par une route de 3 k. 5, qui passe près de la gare d'Hendaye et de laquelle à dr. se détache un chemin qui coupe la grande boucle de la route et réduit la distance à 2 k. pour le v. d'Hendaye. Si l'on veut se rendre à la gare, autant vaut suivre la route.]

Le tramway de Fontarabie laisse à dr. la ligne d'Irun (embranchement sur un petit pont) et suit à g. une route assez monotone et poussiéreuse, séparée de la Bidassoa par des champs marécageux (beaucoup de maïs). A g. de la route, on remarque un *couvent* de missionnaires. On quitte le tramway qui descend à la marine et à la plage (*V.* ci-après), pour monter à g. une rampe au bas de laquelle se tiennent les bateliers, et qui aboutit à la porte principale, par laquelle on pénètre dans Fontarabie.

20 k. **Fontarabie** (hôt. : *de France*, déj. 3 fr., din. 3 fr. 50, à la Marine; *Peñon Cantabrico*, au bord de la mer), 4,315 hab., est une cité archaïque, illustre par les fastes de son histoire, et assez bien conservée pour donner aux touristes l'illusion des villes fortes espagnoles du moyen âge, dont elle est comme le prototype respecté par le temps et par les hommes. Sa population de pêcheurs et de marins est demeurée héroïque, et chaque année elle célèbre avec enthousiasme (8 septembre) la commémoration de la levée du siège par l'armée française en 1638, l'événement capital de l'histoire de Fontarabie.

Fontarabie se compose de deux parties bien distinctes et dissemblables : la vieille cité historique et militaire, encerclée de murailles et juchée, au-dessus de la rive g. de la Bidassoa, sur un piton rocheux qu'un ravin sépare de la crête du Jaizquibel; au N. et à ses pieds, au bord de la rivière, la Marine ou Magdalena, en majeure partie moderne, avec la plage des bains, les hôtels, etc.

Fontarabie, en basque *Ondarribia* (fleuve plein de sable), fut prise par François Ier en 1521, et en 1719 par le maréchal de Berwick. Assiégée en 1638 par Condé et Saint Simon, elle subit 20 assauts en 64 jours. Les munitions manquant, la résistance devenait impossible, lorsque l'alcalde, D. Diego Butron, réunit la population et, prêchant d'exemple, offrit 1,500 livres en argent pour en fondre des balles à défaut de plomb; à sa suite, tous les habitants apportèrent leur argenterie et leurs bijoux. Les femmes jetaient du haut des murs de l'huile bouillante sur les assiégeants et les enfants eux-mêmes, ramassant les escopettes des morts, ouvrirent un feu terrible sur la colonne française, tandis que les plus petits envoyaient de grosses pierres sur les ennemis. Enfin, le 7 septembre, veille de la Nativité de la Vierge, Cabrera, amiral de Castille, et le marquis de los Velos, vice-roi de Navarre, tombèrent à l'improviste sur les troupes françaises fatiguées et les refoulèrent sur le Jaizquibel.

Chaque année, du 7 au 10 septembre, cette délivrance, attribuée à N.-D. de Guadalupe, est commémorée par de grandes fêtes qui attirent à Fontarabie, surtout le 8 septembre, une foule considérable, et dont voici le programme : — Le 7 au soir, *Salve* solennel dans l'église de Santa Maria, sonnerie des cloches et parcours des rues par la musique jouant l'hymne basque *Titi Biliti*, du siège de 1638. — Le 8, à 4 h. du mat., diane par la musique. A 7 h., revue des troupes sur la plaza de Armas. A 8 h., sortie de la procession (curieux costumes), accompagnée du bataillon de paysans armés, avec les chefs et les cantinières de chaque compagnie, faisant des décharges de mousqueterie et conduisant les deux canons donnés à la ville par ordre royal, le 22 mai 1889. La procession se rend au sanctuaire de N.-D. de Guadalupe, où se célèbre une messe solennelle avec sermon en basque, à laquelle assiste tout l'ayuntamiento (municipalité). A 2 h., retour de la procession, défilé des troupes, décharges d'artillerie, chants et danses basques. — Le 9, à 10 h. du mat., messe des morts avec oraison funèbre pour les victimes du siège de 1638. Feux d'artifice (*sezen-zusto*), bals populaires, parties de pelote à blaid, et courses de taureaux, formant la partie profane des fêtes, qui se terminent le 10 septembre.

Une autre procession, celle-ci d'un caractère exclusivement religieux, attire beaucoup d'étrangers à Fontarabie : c'est celle du Vendredi-Saint (elle a lieu à 4 h.; elle descend la calle Mayor et tourne dans la dernière rue à dr., avant le paseo de la Muralla). Le même jour, immédiatement après la procession de Fontarabie, a lieu, à Irun, une procession également très curieuse.

On pénètre dans Fontarabie par la porte principale ou *puerta de Santa Maria*, surmontée de l'écusson aux armoiries de la ville, avec des anges de pierre adorant l'image de N.-D. de Guadalupe, patronne de la cité, et, au-dessous, l'inscription :

LA M. N. M. L. M. V. Y M. S. F.

(MUY NOBLE, MUY LEAL, MUY VALEROSA Y MUY SEMPRE FIEL)

CIUDAD DE FUENTERRABIA

PROVINCIA DE GUIPUZCOA

PARTIDO JUDICIAL DE SAN SEBASTIAN

Au débouché, laissant à g. une fontaine et le *paseo de la Muralla*, promenade plantée d'arbres, tracée le long des antiques remparts, on suit la calle Mayor, d'un aspect pittoresque avec ses vieilles maisons à balcons multiples et à énormes écussons de pierre, dont on embrasse la curieuse et étroite enfilade jusqu'à l'église et au sommet de la colline. On y voit encore de vieux balcons en fer ouvragé; malheureusement, beaucoup ont été renouvelés.

On remarquera : à g. (n° 20), la *Casa consistorial* ou mairie (la maison en face, n° 15, était celle de l'alcade Butron, lors du siège de 1638); à dr., n° 3, une belle maison Renaissance, malheureusement trop restaurée; à g., n° 8, l'*hôtel de Torrealta*, situé au coin de la *calle de las Tiendas*, sur laquelle s'ouvre à g. la *calle Pampinot*, avec de très vieilles maisons en bois.

Il ne faudra pas manquer d'aller voir la rue parallèle à la calle Mayor, dite *calle del Obispo* (*maison* n° 9), qui aboutit au chevet de l'église.

Au haut (à dr.) de la calle Mayor, l'église **Santa Maria** ou *de Nuestra Señora de la Asunción* (défense d'y circuler pendant les offices), bâtie au XI° s., était un chef-d'œuvre de l'art ogival. La Renaissance la dénatura au XIII° s. en lui enlevant ses vitraux et en dorant à outrance ses figures sculptées; puis, au XVIII° s., l'œuvre de vandalisme fut achevé par un horrible badigeonnage jaune. De la terrasse du clocher, la vue est superbe.

A l'int., autels trop surchargés de dorures. — A g., à l'extrémité du balcon de l'orgue, est suspendu le drapeau de la cité. — Dans la sacristie, du balcon de los Apóstoles (des Apôtres), charmantes vues.

A l'extrémité de la calle Mayor (côté dr.), à l'encoignure de la place d'Armes, se dresse le **Palais Royal** ou *Palais de Charles-Quint* (entrée, 25 c.), très imposant, mais en partie ruiné et vide à l'intérieur, propriété de M. Eugenio de Goenaja (notice historique, en espagnol et en français, affichée sur un pilier, près de l'escalier et de la petite cour-jardinet intérieure). Primitivement construit au commencement du xᵉ s. par le roi de Navarre Sanche le Fort, il se compose, en l'état actuel, de deux parties bien distinctes : la façade (xivᵉ et xviᵉ s.), du côté de la place, et des constructions beaucoup plus anciennes qui dominent la Bidassoa. La première partie est connue sous le nom de *Palais de Jeanne la Folle*. La cour, avec ses murs couverts de verdure, est d'un aspect pittoresque. Un escalier, assez raide, monte à la terrasse, d'où l'on a un admirable panorama, aussi bien sur les montagnes, en arrière de la tour de l'église, que sur la plage de Hendaye, sa langue de sable, son casino, deux rochers séparés de la falaise par la mer, le cours et l'embouchure de la Bidassoa, le promontoire du Figuier et l'Océan; on a à ses pieds la jolie marine sableuse de Fontarabie avec ses nombreuses barques.

Fontarabie : la calle Mayor et l'église.
Cliché Frois.

En sortant du palais sur la *plaza de Armas*, dont il occupe tout un côté, on traverse la place pour descendre à dr., — par la *calle del Norte*, une petite rampe à dr. et la section de g. du chemin des remparts, — à la **Marine**, très animée, avec sa population de pêcheurs, où une ville nouvelle échelonne, le long de la Bidassoa, en face de la station balnéaire française de Hendaye-Plage, ses villas et ses hôtels jusqu'à l'hôtel Peñon Cantabrico (terminus du tram d'Irun) et à la *digue-promenade*, qui domine l'embouchure de la Bidassoa et qui est éclairée à l'électricité, offrant une vue imposante sur l'Océan, sur Hendaye et les montagnes. Elle se termine, au pied du Jaizquibel, par une petite *plage* (cabines) très fréquentée. Ce nouveau quartier, continuation de la Marine, se bâtit et tend à devenir le Fontarabie des étrangers et des baigneurs.

Revenant sur ses pas vers la petite ville, on pourra prendre à dr. une route qui longe à g. les remparts; à dr. les *arènes des courses de taureaux*, à g. le *jeu de pelote* (y entrer; curieux à voir), et l'on descend en face de soi à la jetée, où l'on peut prendre une barque pour Hendaye (10 min. de trajet, 50 c.; lorsque la mer est basse on est quelquefois obligé de traverser à pied des bancs de sable et alors de débarquer et de s'embarquer à dos d'homme, ce qui ne manque pas de pittoresque, mais ce qui peut être gênant pour des dames).

Si l'on ne veut pas aller à Hendaye, on reviendra prendre le tramway, soit à la plage (terminus; 30 c.), soit à la marine (25 c.) pour la gare d'Irun.

[De Fontarabie, intéressantes excursions : — 1° (2 h. 30 N. aller et ret.) au *cap du Figuier* (nouveau phare; vue admirable); — 2° (à l'O.-N.-O.; 45 min. à 1 h. à la montée; 30 min. à la descente; très recommandé) au sanctuaire de *Nuestra Señora de Guadalupe*, sur la belle crête du *Jaizquibel*, qui atteint, plus au S.-O., 584 m. De ce sanctuaire, but du pèlerinage religieux et patriotique du 8 septembre, on peut, en suivant la crête, se rendre en 4 h. à Pasajes-San Juan (*V.* 5°).

N. B. Un nouveau fort ayant été construit récemment à Fontarabie, les touristes qui excursionnent aux environs feront bien, pour ne pas avoir d'ennuis, d'être munis, sinon d'un passeport, ce qui est plus sûr, tout au moins de pièces d'identité.]

7° Hernani

Au S. — Tram électrique partant de la plaza de Guipuzcoa (60 c.). — Intéressant, mais inutile si l'on est allé auparavant à Fontarabie; même genre, avec les remparts et les vues de mer en moins.

A. En tram ou en voiture (7 k. par la route directe; 9 k. 3 par Astigarraga; on va par une route, on revient par l'autre; voit. de place, 5 p. la première heure, 3 p. chaque heure suivante). — Ce trajet ne réclame aucune description spéciale; la route directe par *Oriamendi* est assez monotone, tandis que celle par la *vallée de Loyola* et *Astigarraga* est accidentée et charmante; on se croirait en Normandie.

B. Par le chemin de fer (gare du Nord, ligne de Madrid; traj. en 10 à 19 min.; 85 c. en 1re cl.; pas de billets d'aller et ret. — Hernani peut amplement se visiter en 1 h., 1 h. 30 avec le double trajet à pied de la gare à la ville et de la ville à la gare; c'est donc une promenade à faire entre deux trains). — La voie ferrée pénètre dans des tranchées, franchit l'Urumea sur un pont métallique, puis se tient dans un bassin de cultures entre belles collines.

7 k. *Station d'Hernani.* — En sortant de la gare, on suit la route à g., dans un cadre de belles montagnes et bientôt, sur la g., sur un mamelon, se montre Hernani, dominé par la tour de son église. A g., on longe les murs et grilles d'un grand et

superbe parc, et la route s'élève pour pénétrer dans Hernani, dont elle forme la rue principale ou *calle Mayor*.

15 min. de la gare. *Hernani*, 3,484 hab., l'une des dix-huit villes où se tenaient successivement les assemblées générales de la province de Guipuzcoa, a beaucoup souffert des guerres civiles. Assiégée par les carlistes en 1874, elle ne reçut pas moins de 2,000 projectiles.

En remontant la *calle Mayor* on remarquera de superbes et antiques balcons en fer ouvragé et en bois et d'énormes écussons sur les façades. A peu près au centre s'ouvre à g. la *Plaza Nueva*. Plus loin, une rue qui s'ouvre du même côté fait entrevoir un arceau de pierre et une faible portion des anciens remparts : c'est une très étrange échappée sur le Barrio de los Alfueros (*V.* ci-après).

La calle Mayor aboutit à une belle place dont le fond est occupé par la *Casa Consistorial* ou nouvelle mairie, construite en remplacement de celle détruite par les boulets carlistes en 1874. A dr. s'élève l'*église*, à laquelle on accède par un perron de huit marches, et qui se termine par une curieuse tour à balcons de fer.

A l'int., formé d'une nef unique, autels surchargés de dorures; à g. du maître-autel des inscriptions pompeuses, celle de dessus en latin, l'autre en espagnol, indiquent la sépulture de Juan de Urbieta († 1553), qui fit prisonnier François Ier à la bataille de Pavie.

La ville finit à la place; mais il ne faut pas manquer, au lieu de revenir sur ses pas, de passer avec la route sous la voûte de la mairie. Là, on prendra, à g., à côté des *Escuelas publicas* (écoles publiques), une vieille rue étroite traversée par des ponceaux et des arceaux de pierre, et avec laquelle on passera, à g., sous l'arceau du **barrio de los Alfueros**, pour rejoindre, par cette ruelle pavée de petits cailloux et aux maisons noires et hautes, la calle Mayor : ce coin du Barrio de los Alfueros est la partie d'Hernani la plus imprégnée de saveur artistique et locale. On descendra à dr. la calle Mayor, pour regagner la gare.

8° Zarauz et Guetaria.

A l'O.-S.-O. — 31 k. 8; 27 k. de Saint-Sébastien à Zarauz par le chemin de fer (ligne de Bilbao); traj. en 45 min. à 1 h.; 3 p. 25, 2 p. 15, 1 p. 50; aller et ret., 5 p., 3 p. 50 et 2 p.; 4 k. 8, par la route côtière, 5 k. par le ch. de fer, de Zarauz à Guetaria. — Magnifique excurs. très recommandée : en partant de Saint-Sébastien à 9 h. 2, on arrive à Zarauz à 10 h. 10; on se promène dans Zarauz, on y déjeune, on fait à pied ou en voit. la promenade de Guetaria, et l'on reprend le train à Zarauz, soit à 2 h. 42, soit à 6 h. 32, pour rentrer à Saint-Sébastien; vérifier ces h. sur le plus récent Indicateur.

La voie ferrée de Saint-Sébastien à Zarauz et Bilbao a sa gare spéciale dans les terrains du nouveau quartier S., à g. de l'Avenida de la Libertad (barrio de San Martin); on y arrive assez directement par la calle de Urbieta. La voie longe d'abord la rive g. de l'Urumea (à g., belle vue de montagnes, au delà du premier plan de collines). On quitte la vallée de l'Urumea pour longer un ruisseau (à dr.), puis la voie traverse un vallon entre hauteurs verdoyantes, pénètre dans le *tunnel d'Ayete* (900 m.), et serpente entre de petits coteaux couverts de vergers et de cultures (maïs). On voit ensuite apparaître les châtaigniers et des prairies plantées d'arbres fruitiers, surtout de pommiers. Entre des tranchées rocheuses, on a à dr., où se tient la route de voit., de belles échappées sur les montagnes. Après avoir passé au-dessus d'un petit ch. de fer industriel et de la route, que l'on a dès lors à g., le paysage devient très boisé. — 6 k. *Recalde*. — On franchit de nouveau la route, puis une tranchée et un tunnel amènent dans un beau site ouvert et boisé (vue à g.). La voie décrit alors un grand circuit vers la g. (au coude et après le coude, belle vue à dr.).

8 k. *Lasarte*. — La voie franchit l'Oria, dont on suivra désormais la fraîche et gracieuse vallée, puis décrit un grand lacet vers la dr. A g., pentes tapissées de châtaigniers; à dr., cultures, surtout champs de maïs, puis maïs des deux côtés. On voit à dr. la rivière, un peu en contre-bas de la voie. — 10 k. *Zubieta*, v. situé à g. de la voie, et où se tint la mémorable assemblée de 1813, où le patriotisme guipuzcoan fit renaître de ses cendres la ville de Saint-Sébastien, détruite presque entièrement par l'armée anglo-portugaise qui opérait contre l'armée française, réfugiée au château de la Mota. La *casa Aizpurua*, où se tint cette assemblée historique, est à g. et tout à côté de la halte, et l'on voit très bien du ch. de fer la plaque commémorative avec inscription que la municipalité de Saint-Sébastien a fait fixer en 1877. — La voie se tient dans un beau bassin entre gracieuses collines. Bientôt, à dr., se montrent sur un mamelon, au delà de l'Oria, franchi par un antique pont de pierre, l'église et le v. d'Usurbil.

12 k. *Usurbil*, 1,753 hab., dans une jolie situation, au pied du *Mont Mendizorrolz*, a d'antiques et pittoresques maisons, notamment, près de l'*église San Salvador* (clocher élégant), la *casa solar de Soroa* (manoir noble, très vaste; portail avec arcs en ellipse; belle façade en pierre). — Beaucoup de pommiers, surtout à g. La vallée se rétrécit; on se rapproche de l'Oria, avec lequel la voie décrit un grand coude à dr. A g., on longe les maisons de *San Esteban*.

16 k. *Aguinaga-San Esteban*. — La voie pénètre dans un tunnel. A g., bois de chênes et fougères; à dr., la rivière, puis champs de maïs et collines. Au delà de tranchées, la voie fait un grand contour à dr. le long de la rivière et franchit des ravins. L'Oria, élargi, subit l'influence de la marée; on s'en éloigne, pour s'en rapprocher bientôt par un grand coude à dr. : de ce côté on

aperçoit Orio, partie au bord de l'eau, partie sur un tertre. On franchit un affluent en face du v., qui offre une très jolie vue, avec ses barques au pied du quai et son beau pont.

22 k. *Aya-Orio*, station qui dessert (à g., 3 k.) *Aya*, 2,225 hab. (*église* du XVIe s.), et (à dr.) **Orio**, 1,144 hab., v. de pêcheurs et de constructeurs de bateaux, d'aspect pittoresque, avec son beau pont sur l'Oria, soit qu'on y arrive à marée haute, quand les embarcations se balancent sur les flots, soit qu'on le voie à marée basse, avec les barques échouées sur le fond de vase et de sable. — En quittant la gare, on a une belle vue, à dr., sur Orio, ses bateaux de pêche et sa massive église. La voie s'éloigne de la rivière (qui va, au N., se jeter dans la mer), tourne à dr., et, au delà d'une tranchée rocheuse, franchit un viaduc de 14 m. de haut (à dr., on revoit Orio). Nouvelle tranchée, puis à dr. se montre encore Orio. Après un tunnel de 700 m. et une tranchée, on aperçoit à g., au delà d'une belle ceinture de montagnes, la mer et les falaises. A dr. se montrent la route et des dunes gazonnées, des bois, un paysage plat, avec des chalets dans les arbres.

27 k. **Zarauz**, 2,864 hab., au pied du *mont Santa Barbara*, à l'extrémité O. d'une plaine de 3 k. de circonférence, entourée d'un amphithéâtre de collines, est une V. de pêcheurs et une **station de bains de mer** de plus en plus fréquentée. Zarauz a plusieurs hôtels : le *Grand-Hôtel*, de 1er ordre (déj. 4 p. 50), tenu à la française par un Français, l'*hôtel Hijos de Olamendi* (déj. 3 p.), 20, calle Mayor, l'*Hôtel-Casino et restaurant de la Perla*, et l'*hôtel de la Terrasse*, et on trouve, notamment au-dessus de la plage, des villas qui se louent meublées pour la saison (prix assez élevés). — On prend, au sortir de la gare, un chemin étroit qui aboutit à une belle avenue plantée de peupliers (voit. de place; diligences pour divers points de la côte et de l'intérieur), l'*avenida de los Fueros*, que l'on suit à g., ainsi que son prolongement, la *calle Mayor* (à g., *poste et télégraphe*; à dr., en face, curieuse *maison*), pour arriver d'abord à une place en retrait à g., sur laquelle se trouve la *Casa Consistorial* et, plus loin, à la *plazuela de la Marquesa de Narros*, d'où partent des voit. publiques. Là, on a en face de soi un curieux *clocher* séparé par une rue dallée de l'*église* (XVIIIe s.). Contournant l'église à dr., on arrive à l'*Arrabal del Poniente* et, passant sous une passerelle en bois, on débouche à l'extrémité O. de la superbe plage, de sable fin et doré, mais peu résistant (cabines et baigneurs), à l'entrée (à g.) de la belle route en corniche de Guetaria.

Cette extrémité de la plage est dominée à dr. par le **palais du marquis de Narros**, construction du XVe s., d'un grand caractère, avec beau parc en arrière (on peut le traverser) : c'est dans ce palais que la reine Isabelle II reçut notification de sa déchéance, et c'est de là qu'elle partit pour la France (1868).

On suit à dr., longeant le palais, la digue au-dessus de la plage, et, par la *calle del Visconde de Zolina*, sur laquelle s'ouvrent à g. des descentes à la plage, on passe (à g.) devant le restaurant-hôtel du Casino ou de la Perla (terrasse sur la mer; bains chauds), et l'on arrive à l'alameda de Madoz, boulevard planté de platanes (bancs de repos).

Là, à g., se trouve l'entrée du Grand Hôtel, en terrasse au-dessus de la partie E. de la plage, où le sable est plus résistant et plus uni que du côté O. De la terrasse de l'hôtel, la vue est très belle; on distingue au N.-O. Guetaria.

Sur le flanc d'un coteau (vue de la mer), dans la *Villa Manuela*, entourée de vastes jardins, est installé le *pensionnat Sainte-Ursule du Sacré-Cœur de Zaraus*, tenu par les Ursulines de l'ancien couvent de Saint-Sever.

[Guetaria (4 k. 8 N.-O.; route de voit.; voit. de place, 5 p. aller et ret.; 1 h. 10 à pied; magnifique promenade; on y va aussi par le ch. de fer, halte de *Guetaria-Oiquina*). — La route de Guetaria commence à l'Arrabal del Poniente (*V.* ci-dessus), à l'extrémité O. de la plage de Zarauz. Construite en corniche, gagnée en grande partie sur le roc et soutenue au-dessus de la mer par des murs avec parapets, elle suit toutes les sinuosités d'une côte superbe et très découpée. Laissant à dr. le petit port de pêche de Zarauz, la route s'élève un peu et tourne à g. le long de la côte dont on distingue, à dr., au delà de l'anse, toutes les dentelures.

15 min. A g., *Jai-Chiqui* (arènes du jeu de paume). Bientôt, en face, se montre Guetaria, relié par une jetée au gros morne gazonné de l'île San Anton.

1 h. 10 (4 k. 8). *Guetaria*, 1,220 hab., bâti à dr. de la route sur une langue de terre étroite et escarpée, est d'un pittoresque achevé. A l'entrée du v., une inscription rappelle que Guetaria a vu naître le navigateur Juan Sebastian de Elcano, qui fit le premier le tour du monde en 1522, et dont la *statue* se dresse au-dessus du port de pêche.

Guetaria a beaucoup souffert des guerres civiles et ses maisons portent encore la trace des dernières convulsions dont le pays a été le théâtre. L'*église San Salvador*, gothique, qui domine le port, est particulièrement mutilée. Les touristes qui se trouvent à Guetaria un dimanche, aux heures des offices, ne devront pas manquer d'entrer dans l'église; le spectacle est saisissant, quand on arrive durant le prêche : les rideaux sont tirés, l'édifice est plongé dans une obscurité presque complète, on ne distingue pas même les traits du prêtre, en chaire dans la pénombre, et le seul éclairage est celui que donnent à ras du sol les rats de cave à la lueur blafarde et jaune allumés derrière de petits bancs ou même des boîtes en bois placés devant chaque assistant.

Le cidre de Guetaria est renommé; on en trouve d'excellent dans les cafés du village. — Si l'on peut disposer de 30 à 40 min., on fera bien de franchir la jetée du port et de monter au sommet de l'*île San Anton*, d'où la vue de mer et de côtes rocheuses est très belle et très étendue.]

9° San Ignacio de Loyola.

Au S.-O. — 52 ou 56 k. — On y va : soit par le ch. de fer jusqu'à (36 k.) *Arrona-Cestona* et de là par l'omnibus automobile qui va à Azcoitia en passant par le sanctuaire de San Ignacio; — ou par le ch. de fer jusqu'à Zumaya et de là en voit. particulière (landau à 2 chev., pris à la gare, et qui y ramène les voyageurs, 4 à 5 pl., 25 p., plus 2 p. 50 de pourboire au cocher); — soit par le ch. de fer jusqu'à Zarauz (*V.* 8°), où on loue une voit. particulière (landau 25 à 30 p., plus 10 0/0 de pourboire au cocher). — *Excursion très recommandée*, qui demande une journée.

27 k. de Saint-Sébastien à Zarauz par le ch. de fer (*V.* ci-dessus, 8°). — 32 k. *Guetaria-Oiquina*, halte desservant Guetaria (*V.* ci-dessus, 8°). — La voie continue à suivre le rivage, entre la montagne à g., et, à dr., la mer sur laquelle on a de très belles vues. Elle atteint la vallée de l'Urola, rivière qu'elle franchit près de la station de Zumaya.

34 k. *Zumaya*, 2,201 hab. (très importantes fabriques de ciment), V. de pêcheurs et station de bains de mer, à l'embouchure du rio Urola. — La route, tournant brusquement à g., suit la rive g. d'un estuaire, laisse à g. une route pour Zarauz, franchit le cours d'eau, passe sous le ch. de fer et remonte un petit vallon. — On laisse à dr. la route de Deva. — La vallée s'élargit (fabriques de ciment). La route descend dans un bassin verdoyant, remonte en face du v. d'*Arrona*, s'engage dans une tranchée rocheuse au sommet de laquelle elle passe sous un pont très élevé, et descend dans la vallée de l'Urola (à dr., barrage et moulin) qu'elle franchit sur le *pont de Muñasoro*.

43 k. *Iraela*, où l'on rejoint à g. la route directe de Saint-Sébastien par Usurbil et Zarauz. L'Urola coule désormais à dr., dans une vallée étroite et boisée.

45 k. *Cestona* ou *Santa Cruz de Cestona*, sur une éminence (carrière de marbre). — On franchit l'Urola.

47 k. *Etablissement des bains de Cestona* (on peut demander à visiter), à dr. de la route, ouvert du 15 juin au 15 septembre (6 p. par j. à table d'hôte, 8 p. en mangeant au restaurant; 4 p. en 2e cl.; ch. dep. 1 p. 50), et desservi par la stat. d'*Arrona-Cestona* de la ligne ferrée de Bilbao.

Les eaux chlorurées sodiques (27 à 31°) de Cestona, exploitées depuis 1784, sont souveraines contre les catarrhes chroniques de l'estomac, la dyspepsie, les calculs biliaires, la chlorose, la neurasthénie, l'hystérie, le rhumatisme, la goutte, l'obésité, etc. L'eau de Cestona, prise en boisson, a un effet purgatif instantané. Le nouvel établissement, inauguré en 1878, a des baignoires en marbre et une installation hydrothérapique très complète. Eclairé à l'électricité, il comprend le *Gran Hotel*, avec une superbe salle à manger de forme semi-circulaire, pour 300 personnes, un salon de restaurant pour 150 personnes, divisé en trois sections séparées par des arceaux et des colonnes, des salles à manger particulières, salles de fêtes avec théâtre, café, salon de jeu, bibliothèque et salle de lecture, salle de billard, pharmacie, poste, télégraphe et téléphone, des chambres pour 150 hôtes, les bains et douches; trois hôtelleries et le chalet des propriétaires, qui le cèdent au besoin, dans le fort de la saison, un aménagement total pour 450 baigneurs; un magnifique parc avec gymnase, vélodrome, tir au pistolet et à la carabine, etc.; une galerie couverte de 200 m. de longueur; une chapelle desservie pendant la saison, etc.

La route franchit la rivière (barrage) et suit toujours l'étroite et pittoresque vallée de l'Urola, resserrée entre des montagnes couvertes de bois. La vallée s'élargit en arrivant à Azpeïtia.

54 k. *Azpeïtia* (autobus pour la gare de Zumarraga), V. de 6,583 hab. (nombreux fabricants d'espadrilles travaillant sur le pas des portes), possède deux édifices religieux remarquables: l'*église paroissiale*, dédiée à St Sébastien, de style gothique, avec un portique du célèbre architecte Ventura Rodriguez (à l'int., fonts de marbre, où fut baptisé St Ignace, et *tombeau* de D. Martin Zurbano, évêque de Tuy), et l'*église N.-D. de la Soledad*, du XVIe s. (à l'int., *tombeau* en marbre de son fondateur, D. Nicolas Saenz de Elola). Azpeïtia, relié par une route de 19 k. (service d'autobus) à la station de Zumarraga de la ligne du Nord, est une petite cité très animée. La fête de St Ignace y attire, le 31 juillet de chaque année, aussi bien qu'au sanctuaire, une foule de pèlerins et de visiteurs.

La route se tient dans la vallée élargie et cultivée. Bientôt à g., au delà de la rivière, se montre, dans un bassin austère encadré de belles montagnes, le fameux sanctuaire. On y arrive après avoir franchi un pont, à g. de la route. Devant le monastère, un long et épais quinconce offre ses ombrages propices aux pique-niques; on y est accosté par des marchands de médailles, de souvenirs et de photographies, dont quelques-uns parlent français. Sur la route, en face du pont, se trouvent l'*hôtel Amenabar* (le propriétaire est photographe) et une *Casa de Huespedes* ou maison de pension. Il y a un autre hôtel, la *fonda de Miguel Aracena*, au bout du quinconce, à g. du monastère.

56 k. **Sanctuaire de San Ignacio de Loyola**, propriété de la province de Guipuzcoa et noviciat (125 à 150 religieux) de la province de Castille de l'Ordre de Jésus: on l'appelle communément la « merveille du Guipuzcoa ». Il a été élevé par ordre de la reine Marie-Anne d'Autriche, veuve de Philippe IV, sur le domaine de la famille de Loyola, et autour du vieux manoir où naquit St Ignace. La reine acheta le domaine et le remit aux Jésuites, qui appelèrent de Rome l'architecte Fontana pour diriger la construction. La première pierre fut posée le 28 mars 1689. Le plan de l'édifice est un parallélogramme rectangulaire, auquel deux appendices latéraux donnent la figure d'un aigle prêt à prendre son vol. Le corps est formé par l'église, la tête par le portail, les ailes par la *santa casa* et par le collège, la queue par divers bâtiments secondaires. Le portail, entièrement de marbre, auquel accède un magnifique perron à trois corps flanqué de balustrades de pierre et de lions de marbre, est surmonté d'un fronton triangulaire avec écusson aux armes d'Espagne, soutenu par deux anges (inscription rappelant la cession du domaine à Marie-Anne d'Autriche, en 1681), et donne entrée dans un vaste vestibule semi-circulaire (statues en marbre de St Louis de Gonzague, de St François Borgia, de St François Xavier et de St Stanislas Kostka), au

Sanctuaire de San Ignacio de Loyola. — Cliché [illegible]

fond duquel se trouve la grande porte d'entrée de l'église, surmontée de la statue de St Ignace entre deux colonnes salomoniques. L'aile g. de l'édifice n'était pas achevée lors de l'expulsion des Jésuites sous le règne de Charles III; elle n'a pas été continuée. L'aile dr. est occupée par le collège (riche bibliothèque), dont l'escalier est une œuvre remarquable.

L'église et la Santa Casa sont fermées de 11 h. 30 à 2 h. 30; en dehors de ces heures on les visite librement. Si l'on veut visiter le couvent, qui n'offre rien de bien particulièrement intéressant et où les dames ne sont pas admises, il faut sonner dans le vestibule à g. de la petite cour qui précède la Santa Casa.

La Santa Casa, où naquit St Ignace, est enclavée dans l'édifice; ce n'est plus qu'une tour de l'ancien manoir de Loyola, qui fut presque entièrement détruit, sous Enrique IV, lors des sanglantes discussions des Oñecinos et des Gamboïnos. Elle a été conservée avec des soins religieux. Construite en pierres brutes et en briques formant des dessins, et n'ayant pas d'autre ornement qu'un écu d'armes sculpté au-dessus de la porte, elle a trois étages; c'est au troisième qu'est la chambre du saint, transformée en chapelle; toute la maison, du reste, a subi la même transformation. Les ornements de toute sorte, d'assez mauvais goût généralement, sont accumulés dans cette chapelle séparée en deux par une grille, et dont le plafond est tellement bas qu'une personne de taille moyenne peut l'atteindre avec la main. Ce plafond est décoré, dans sa partie centrale, de trois bas-reliefs représentant: — St Ignace prêchant les habitants d'Aspeïta; — St Ignace remettant la bannière de la Foi à St François-Xavier partant pour la mission des Indes: — St François Borgia, en costume de grand d'Espagne, prosterné aux pieds de St Ignace. Parmi les curiosités et les précieuses reliques de la *Santa Casa*, on montre le calice avec lequel St François Borgia célébra sa première messe, un cœur en or donné par M. de Ravignan et un doigt de St Ignace envoyé de Rome, par les Jésuites, à la reine Marguerite d'Autriche, femme de Philippe III; ce doigt est placé, en son reliquaire, dans la poitrine ouverte de la statue du saint.

Santa Casa de Loyola.
Cliché Amenabar.

L'église, rotonde de 36 m. de diamètre, est d'un bel effet décoratif; huit grandes colonnes supportent la coupole en pierre, de 21 m. de diamètre et haute de 56 m., éclairée par 8 fenêtres. Le maître-autel offre un riche choix de marbres. Dans sa forme, par la couleur sombre des marbres qui revêtent ses parois, cette église a l'aspect d'un Panthéon.

[Une route directe de 21 k. relie le sanctuaire à Zarauz (*V.* ci-dessus, 8°).]

10° Deva, Motrico, Ondarroa, Lequeitio.

De Saint-Sébastien on peut faire une excursion très intéressante en prenant le train pour (45 k.) *Deva* (hôt.: *Deva*; *de la Alameda*), sur la ligne de Bilbao. De Deva part 2 fois par j. un autobus pour (25 k. env.; 1 p.) Lequeitio, par Motrico et (12 k.

env.) Ondarroa. La route en corniche qui, de Deva, conduit, par la pittoresque petite ville de *Motrico*, à Ondarroa, est d'une incomparable beauté; les sites pittoresques s'y succèdent avec une variété inouïe : falaises couvertes d'ajoncs, rocs abrupts, bois de pins et d'eucalyptus, bouquets de chênes verts et d'oliviers, châtaigneraies descendant jusqu'à la mer. Le petit port d'Ondarroa (hôt. : *de la Bahia*; *fonda Aspitza*, au bord de la mer) a une vieille *église* surélevée par d'immenses arcades (de la terrasse, très belle vue), un port avec des centaines de barques de pêche et de hautes maisons de pêcheurs qui s'étagent jusqu'au Calvaire du cimetière; à l'heure de la marée haute, la ville est beaucoup plus pittoresque, avec sa large ceinture d'eau. D'Ondarroa, une route vraiment splendide, et qui présente à chaque tournant de nouveaux aspects, conduit à *Lequeitio*, mieux bâti mais moins pittoresque qu'Ondarroa.

458-09. — Coulommiers. Imp. Paul BRODARD. — 5-09.

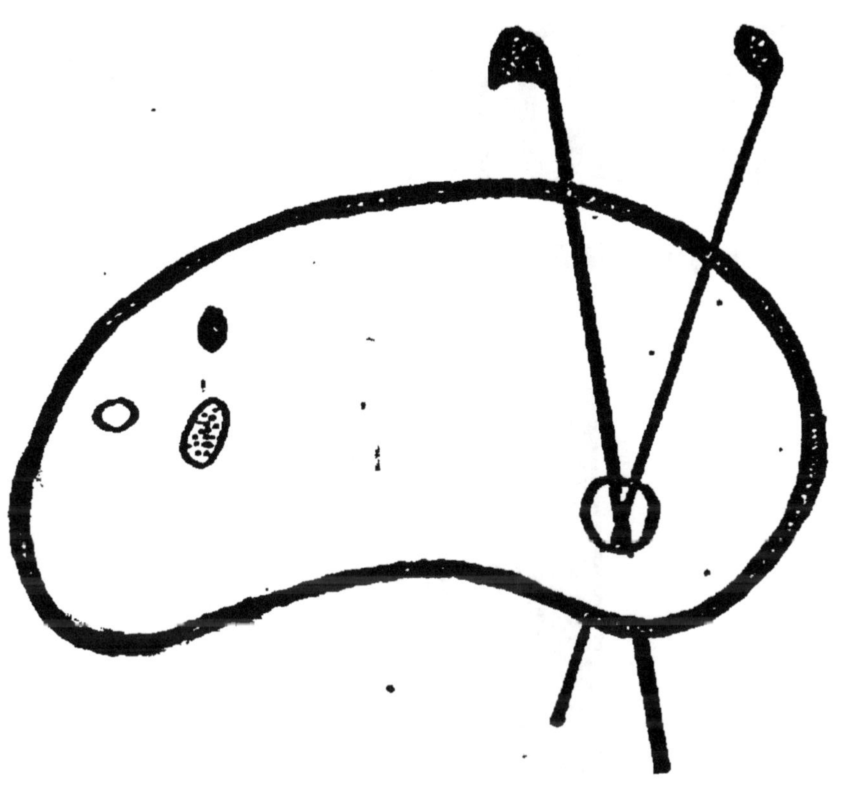

DEBUT D'UNE SERIE DE DOCUMENTS
EN COULEUR

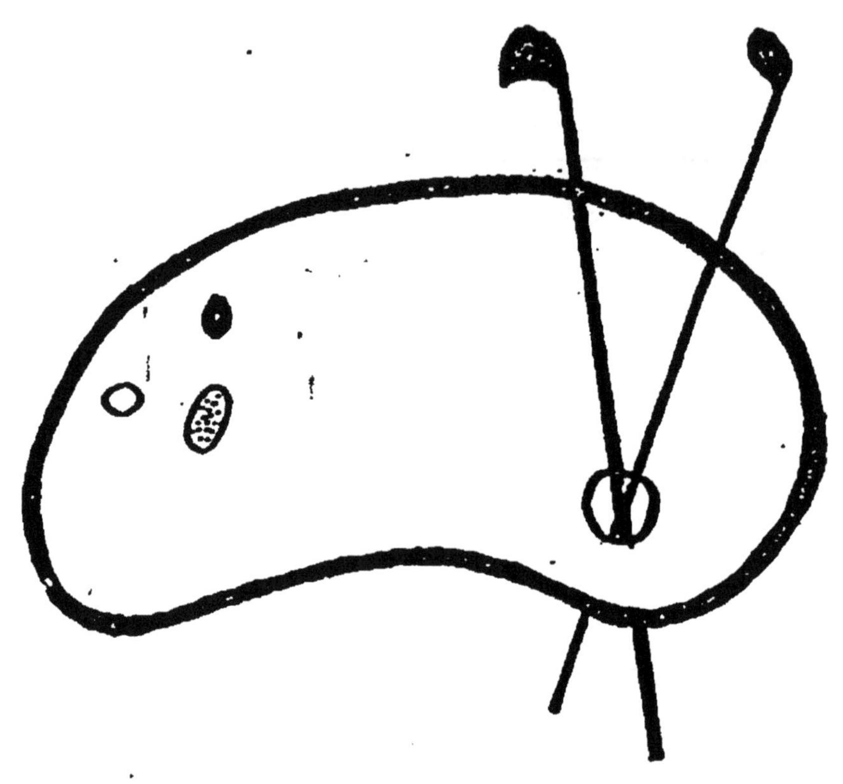

FIN D'UNE SERIE DE DOCUMENTS
EN COULEUR

CALVITIE
CHUTE DES CHEVEUX

Cornioley, *1, rue de la Paix*, Paris. Produits hygiéniques; Spécialités pour la chevelure et le visage. *Prospectus gratis*. Diplôme de la Sté de Médecine de France.

CAOUTCHOUC DE VOYAGE
HYGIÈNE — CHIRURGIE

Maison Charbonnier
J. YECRIGNER, Supr
376, rue Saint-Honoré, 376

Caoutchouc manufacturé anglais, français et américain. Chaussures américaines et gants, bottes de marais.

Vêtements imperméables, toile-caoutchouc. Tubs anglais ou bains portatifs, cuvettes pliantes, sacs à eau chaude, coussins et matelas à air et à eau pour malades et pour voyages. Urinaux. Bidets et bassins, etc. Atelier de réparation.

TÉLÉPHONE 241-67

CHOCOLAT

Chocolat Menier. (V. p. 155).

DENTIFRICE

Docteur Pierre. (Voir p. 49).

GLACIÈRE

Glacière Portative

J. Schaller, *332, r. Saint-Honoré*, Paris. (Voir p. 50).

HOTELS

Grand Hôtel de l'Amirauté, *5, rue Daunou* (rue de la Paix). Grands et petits appartements. Chambres depuis 4 fr. Pension, 10 fr. Cuisine et cave recommandées. TÉLÉPHONE 231-86.

Grand Hôtel de l'Athénée
15, rue Scribe, Paris

Grand Hôtel des Capucines, *37, boulevard des Capucines*. Maison recommandée. SANS SUCCURSALE. Table d'hôte. Excellente cuisine. Bains. Ascenseur. Eclairage électrique. TÉLÉPHONE 250-52.
Mme E. CHABANETTE, propriétaire

Hôtel des Champs-Élysées
3 et 5, rue Balzac (angle de la rue Lord Byron) — *Champs-Élysées*. Nouvellement construit avec tout le confort moderne. TÉLÉPHONE 574-77.
M. P. Santini, directeur

Hôtel du Chariot d'Or

39, rue de Turbigo, près du boulevard de Sébastopol. Entièrement transformé. Confort moderne. Chambres depuis 3 fr. Table d'hôte. Restaurant. Ascenseur. Lumière électrique. Chauffage central. — 251-84. Constantin, propriétaire.

Hôtel Corneille, *5, rue Corneille*. Chambres de 3 à 6 fr. Restaurant. Lumière électrique. Bains. Douches. Calorifère. TÉLÉPHONE 810-80.
Agréé par le T. C. F.

Hôtel du Danube, *58, rue Jacob*, près les Tuileries et la gare d'Orsay. Maison de famille. Pension depuis 7 fr. Déjeuners, 2 fr. 50. Diners, 3 fr. Salon. Bains. Electricité. TÉLÉPHONE 733-71.
Teissèdre, propriétaire.

FAMILY-HOTEL-PIARD
Chambres de 2 fr. à 5 fr. Eclairage électr. compris. Bains dans l'hôtel. TÉLÉPHONE 923-54. — 63, rue de Lyon, près la gare de P. L. M.

Hôtel Fénelon, *11, rue Férou* (près de Saint-Sulpice). Chambres de 2 à 5 fr.; au mois de 25 à 80 fr. Repas, 2 fr. 25 et 2 fr. 50. — Pension, 115 fr.

PHOTOGRAPHIE

(Appareils et fournitures pour la)

RICHARD (Jules), ✻.... 419-63 R. Mélingue, 25; R. Lafayette, 7, et R. Halévy, 10

Télégr. : *Enregistreur-Paris*

Constructeurs d'Instruments de Précision

Jumelle stéréoscopique dite

LE VÉRASCOPE (Brev. S.G.D.G.)

donnant l'illusion de la réalité en vraie grandeur avec le relief et la véritable perspective.

LE GLYPHOSCOPE (Breveté S.G.D.G.)

Nouvelle Jumelle stéréoscopique à 35 fr. à l'usage des débutants en photographie. (*Voir page de garde au commencement du volume*).

PRODUITS PHARMACEUTIQUES

Coaltar saponiné

(*Voir page bleue au commencement du volume.*)

Fer Bravais. (Voir p. 151).

Lin Tarin; Pommade Fontaine; Savon Fontaine. (Voir p. 50).

NÉVRALGIES MIGRAINES et toutes **MALADIES NERVEUSES** guéries par les **Pilules antinévralgiques du Docteur CRONIER.** 3 fr. la boite, avec notice, franco poste. **PARIS, 75, rue de la Boëtie**, et toutes pharmacies.

PHARMACIE CENTRALE DU NORD. (Voir page 151).

VÉRITABLES GRAINS DE SANTÉ DU Dr FRANCK *contre la constipation.* (Voir page de garde en tête du volume.)

POMMADE MOULIN

Guérit Dartres, Boutons, Rougeurs, Démangeaisons, Eczémas, Hémorroïdes. Fait repousser les Cheveux et les Cils. 2 fr. 30 le pot, *franco.*

Pharmacie MOULIN

30, rue Louis-le-Grand, PARIS

RESTAURANT

Restaurant du Grand Vatel, 275, *R. St-Honoré*, Paris. (V, p. 138).

TEA ROOMS

Restaurant du Grand Vatel, 275, *rue St-Honoré*, Paris. Afternoon Tea. — Orchestre. (Voir page 138).

VEILLEUSES

Veilleuses françaises. Maison **Jeunet.** (Voir p. 49).

VÉRASCOPES

RICHARD (Jules), ✻..... 419-63, R. Mélingue, 25; R. Lafayette, 7, et R. Halévy, 10

Constructeur d'Instruments de Précision

Le VÉRASCOPE (Brev. S.G.D.G.)

Le GLYPHOSCOPE (Br. S.G.D.G.) *nouvelle jumelle stéréoscopique à 35 fr.* à l'usage des débutants en photographie.

(*Voir page de garde au commencement du volume*).

VOYAGES

Compagnie des Messageries Maritimes. (Voir p. 46).

Compagnie Générale Transatlantique. (Voir p. 45).

Compagnie de Navigation mixte. (Voir p. 47).

Compagnie Marseillaise de Navigation Fraissinet et Cie. (Voir p. 47).

Compagnie de Navigation Marocaine et Arménienne Paquet et Cie (Voir p. 48).

GRAND HOTEL DE NORMANDIE

PARIS — 4, rue d'Amsterdam, 4 — PARIS

EN FACE LA GARE SAINT-LAZARE

Salle de bains. Chauffage central. Restaurant à la carte et à prix fixe. Salon

ÉLECTRICITÉ — TÉLÉPHONE 279-05

Chambres de 3 à 15 fr. par jour et pension depuis 12 fr. par jour

ENGLISH SPOKEN — MAN SPRICHT DEUTSCH

V. DAVÈNE, PROPRIÉTAIRE

Paris

HOTEL DE LA TRÉMOILLE

(Champs-Élysées). — 150 chambres et Salons, Ascenseurs, Chauffage central, Éclairage électrique. — Arrangements depuis 10 fr. par jour. — *Grand Hôtel et Continental, à Ajaccio*, même direction. **LAFOND, propr**[re].

Montdidier.
*Monte-Carlo
*Montélimar
* Montereau.
* Montluçon.
* Montpellier
*Montreuil-s-M.
Montrichard.
Moret-s.-Loing.
Morez-du-Jura.
* Morlaix.
* Moulins.
Moutiers.
* Nancy.
* Nantes.
Nantua.
* Narbonne.
* Nemours.
* Nevers.
* Nice.
* Nîmes.
* Niort.
*Nogent-l-Rotrou.
* Noyon.
Nuits-St-Georges.
*Oloron-Sainte-Marie.
* Orléans.
*Orthez.
*Oyonnax.
* Pamiers.
Parthenay.
* Pau.
* Périgueux.
Péronne.
* Perpignan.
Pertuis.
* Pézenas.
Pithiviers.
* Poitiers.
Pons.
*Pont-à-Mousson
*Pont-Audemer.
Pont-de-Beauvoisin.
Pontivy.
Pont-l'Evêque.
* Pontoise.
* Provins.
* Puy (Le).
Quesnoy (Le).
* Quimper.
Quimperlé.
* Redon
* Reims.
* Remiremont.
* Rennes.
Rethel.
Revel.
Riom.
Rive-de-Gier.
* Roanne.
*Rochefort-s-Mer
* Rochelle (La).
*Roche-s-Yon (La)
* Rodez.
* Romans.
* Romilly-s-Seine Seine.
Romorantin.
* Roubaix.
* Rouen.
* Royan.
* Rueil
Ruffec.
Saint-Affrique.
*Saint-Amand.
* Saint-Brieuc.
*Saint-Chamond.
* Saint-Claude.
Saint-Cloud
* Saint-Dié.
*Saint-Dizier.
* Saint-Etienne.
Saint-Flour.
Sainte-Foy-la-Grande.
* Saintes.
* Saint-Gaudens.
* Saint-Germain-en-Laye.
Saint-Girons.
* Saint-Jean-d'Angély.
* St-Jean-de-Luz
* Saint-Lô.
Saint-Loup-sur-Semouse.
* Saint-Malo.
* Saint-Nazaire.
* Saint-Omer.
* Saint-Quentin.
Saint-Remy-de-Provence.
Saint-Servan.
Salies-de-Béarn.
Salins-du-Jura.
Salon.
Sancoins.
* Sarlat.
* Saumur.
* Sedan.
* Semur.
* Senlis.
Senones
* Sens.
Sézanne.
Sèvres.
* Soissons.
Souillac.
* Tarare.
* Tarascon.
* Tarbes.
Terrasson.
* Thiers.
Thizy.
Thonon-les-Bains.
*Thouars.
Tonneins.
Tonnerre.
* Toul.
* Toulon.
* Toulouse.
Tourcoing.
*Tournus.
* Tours.
* Troyes.
* Tulle.
Tullins.
Uzès.
* Valence.
Valence-d'Agen
* Valenciennes.
Valognes.
Valréas.
Vals-les-Bains
* Vannes.
* Vendôme.
Verneuil-s-Avre.
* Vernon.
* Versailles.
Vervins.
* Vesoul.
* Vichy.
* Vienne.
Vierzon.
Villedieu-l-Poêles
* Villefranche-de-Rouergue.
* Villefranche-s-Saône.
*Villeneuve-s-Lot
* Villeneuve-s-Yonne.
*Villers-Cotterets
Villeurbanne.
Vitré.
* Voiron.
Vouziers.
Yvetot

AGENCES A L'ÉTRANGER

Londres, Old Broad Street, 53, et St-Sébastien (Espagne), avenida de la Libertad, 37.

La Société a, en outre, 88 Succursales, Agences et Bureaux à Paris et dans la Banlieue, 228 Bureaux auxiliaires rattachés aux agences, et des Correspondants sur toutes les places de France et de l'Etranger.

Corespondant en Belgique : Société Française de Banque et de Dépôts, Bruxelles, 70, Rue Royale ; — Anvers, 22, Place de Meir.

OPÉRATIONS de la SOCIÉTÉ GÉNÉRALE :

Dépôts de fonds à intérêts en compte ou à échéance fixe (taux des dépôts de 1 an à 23 mois, 2 0/0 ; de 2 ans à 35 mois, 2 1/2 0/0 ; de 3 à 5 ans, 3 1/2 0/0, net d'impôt et de timbre) ; Ordres de Bourse (France et Etranger) ; Souscriptions sans frais ; Vente aux guichets de valeurs livrées immédiatement (obligations de chemins de fer, obligations et Bons à lots, etc.) Escompte et Encaissement de coupons français et étrangers ; Mise en règle de titres ; Avances sur titres ; Escompte et Encaissement d'effets de commerce ; Garde de titres ; Garantie contre le remboursement au pair et les risques de non-vérification des tirages ; Virements et chèques sur la France et l'Etranger ; Lettres de crédit et Billets de crédit circulaires ; Change de monnaies étrangères ; Assurances (vie, incendie, accidents), etc

Service de coffres-forts et de compartiments de coffres-forts au Siège social, dans les succursales, et dans un très grand nombre d'agences de Paris et de Province, depuis 5 fr. par mois ; tarif décroissant en proportion de la durée et de la dimension. — (Demander les notices spéciales à tous les guichets de la Société.)

(*) Les agences marquées d'un astérisque sont pourvues d'un service de coffres-forts.

CRÉDIT LYONNAIS

AGENCES EN FRANCE ET EN ALGÉRIE

Abbeville
Agen
Aix-en-Provence.
Aix-les-Bains
Alais
Albi
Alençon
Alger (Algérie).
Amiens.
Angers.
Angoulême.
Annecy
Annonay.
Antibes.
Arles
Armentières.
Arras.
Autun
Auxerre
Avignon
Bar-le-Duc.
Bayonne.
Beaucaire
Beaulieu.
Beaune.
Beauvais.
Belfort
Belleville-sur-Saône.
Besançon.
Béziers
Biarritz.
Blois
Bône (Algérie).
Bordeaux.
Bourg.
Bourges
Bourgoin.
Brest.
Brives.
Caen.
Cahors
Calais-Saint-Pierre.
Cambrai.
Cannes.
Carcassonne.
Carpentras.
Castres.
Caudry
Cette.
Chalon-sur-Saône.
Chambéry.
Charleville
Chartres
Châtellerault.
Châtillon-sur-Seine.
Chauny
Cherbourg
Cholet.
Clermont-Ferrand.
Cognac.
Compiègne
Constantine (Algérie).
Creusot (Le).
Dax
Dieppe
Dijon
Dôle
Douai.
Draguignan.
Dunkerque.
Elbeuf
Epernay.
Epinal.
Evreux.
Fécamp.
Firminy.
Flers.
Fourmies.
Grasse.
Gray
Grenoble.
Havre (Le).
Hyères.
Issoire.
Jarnac.
Laon.
Laval
Libourne.
Lille.
Limoges
Lisieux
Lons-le-Saunier
Lorient
Lunel
Lunéville
Mâcon
Mans (Le).
Marseille.
Maubeuge
Mazamet.
Menton.
Montauban
Montbéliard.
Monte-Carlo (Territoire français).
Montélimar.
Montluçon.
Montpellier
Moulins.
Nancy.
Nantes.
Narbonne.
Nevers.
Nice.
Nîmes.
Niort.
Oran (Algérie).
Orléans.
Pau.
Périgueux.
Perpignan.
Philippeville (Algérie).
Poitiers.
Pontarlier
Puy (Le).
Reims.
Remiremont.
Rennes.
Rethel.
Rive-de-Gier
Roanne
Rochelle (La).
Romans.
Roubaix
Rouen.
Saint-Brieuc.
Saint-Chamond
Saint-Dié.
Saint-Dizier
Saint-Etienne.
St-Germain-en-Laye.
Saint-Omer.
Saint-Quentin.
Saintes.
Salon.
Saumur.
Sedan
Sens.
Sidi-bel-Abbès (Algérie).
Soissons.
Tarare.
Tarbes.
Thiers.
Thizy.
Toulon.
Toulouse.
Tourcoing.
Tours.
Trouville.
Troyes.
Valence.
Valenciennes.
Vallauris
Verdun.
Versailles.
Vesoul.
Vichy.
Vienne (Isère).
Vierzon
Villefranche-sur-Saône.
Villeneuve-sur-Lot.
Vitry-le-François.
Voiron.

AGENCES A L'ÉTRANGER

Alexandrie (Égypte).
Barcelone.
Bruxelles.
Caire (Le).
Constantinople.
Genève
Jaffa
Jéru alem.
Londres.
Madrid.
Moscou
Odessa.
Port-Saïd.
Saint-Pétersbourg.
Saint-Sébastien
Smyrne.
Valence (Espagne).

Le Crédit Lyonnais fait toutes les opérations d'une maison de banque : dépôts d'argent remboursables à vue et à échéance; dépôts de titres; encaissements de coupons; ordres de bourse; souscriptions. escompte de papier de commerce sur la France et l'Étranger; chèques et lettres de crédit sur tous pays; prêts sur titres français et étrangers; achat et vente de monnaies, matières et billets étrangers

Service spécial de location de COFFRES-FORTS dans des conditions présentant toute garantie contre les risques d'incendie et de vol (compartiments depuis 5 francs par mois).

LA DÉPÊCHE

Quotidien, 6, 8, 10 ou 12 pages. Quatorze éditions régionales spéciales 5 cent. le Numéro. ABONNEMENTS : *France et Colonies* : 3 mois, 5 fr.; 6 mois, 10 fr.; 1 an, 20 fr. Durée facultative, 6 cent. le Numéro. *Étranger* (Un. post.) : 9 fr.; 18 fr.; 36 fr. Républicain radical. La Dépêche est le journal le plus répandu de la région du Midi et du Sud-Ouest. — Tirage quotidien 225 000 exemplaires en moyenne. Fil télégraphique spécial. Correspondance particulière dans la plupart des grandes villes d'Europe : Londres, Madrid, Berlin, Barcelone, Bruxelles, Genève et toutes les villes de la région. *Dir.* : MM. SANS et HUC. — La Dépêche publie chaque jour un article politique et un article littéraire. Principaux collaborateurs : A. AULARD, J. JAURÈS, G. CLEMENCEAU, LÉON BOURGEOIS, Edmond HARAUCOURT, E. LOCKROY, Camille PELLETAN, Henri BRISSON, Paul et Victor MARGUERITTE, E. CONTE, O. UZANNE, Eugène FOURNIÈRE, G. GEFFROY, L. MILLOT, B. MARCEL, Henri ROUJON, PIERRE et PAUL, Remy DE GOURMONT. — *Affaires extérieures* : Jean des GAULES. — *Administration et Rédaction* : 57, rue Bayard, Toulouse ; Téléphone 133. — *Bureaux à Paris* : 4, rue du Faubourg-Montmartre ; Téléphone : 134-02.

Le Soleil du Midi

Grand journal quotidien d'informations

FONDÉ EN 1885, A MARSEILLE

ADMINISTRATION ET RÉDACTION : rue Venture, 14

Six éditions par jour. *Le Soleil du Midi* est le journal conservateur le plus répandu de la Région du Sud-Est. Il est lu dans dix départements et sa publicité est, de ce fait, extrêmement recherchée. Ses collaborateurs parisiens sont MM. Paul BOURGET et COSTE DE BEAUREGARD, de l'Académie française; DE LAMARZELLE, sénateur; Roger LAMBELIN, conseiller municipal.

Fil télégraphique direct avec Paris

CHEMINS DE FER
PARIS-LYON-MÉDITERRANÉE

L'HIVER A LA COTE D'AZUR

De PARIS à la COTE-D'AZUR en 13 heures

soit par le train extra-rapide de nuit soit par le train de jour *Côte-d'Azur rapide,*
Consulter les affiches ou les indications

FÊTES DE NICE

A l'occasion : 1° *des Fêtes de Noel et du Jour de l'an;* 2° *des Courses de Nice;* 3° *du Carnaval de Nice; des Régates internationales de Cannes et de Nice et des vacances de Pâques;* des

BILLETS D'ALLER ET RETOUR DE 1re ET 2e CLASSES

sont délivrés pour **Cannes, Nice, Menton,** par les gares désignées ci-après : **Paris, Belfort, Vesoul, Besançon, Gray, Nevers, Is-sur-Tille, Dijon, Genève, Clermont-Ferrand, Saint-Etienne, Lyon (Perrache et Brotteaux), Grenoble, Valence, Avignon, Cette, Nîmes.**

Les dates d'émission de ces billets sont annoncées au public par des affiches, quelques jours à l'avance.

La *validité* desdits billets est de *20 jours* (dimanches et fêtes compris) à compter du jour du départ, avec faculté de prolongation de deux périodes de 10 jours, moyennant payement, pour chaque période, d'un supplément égal de 10 0/0 du prix du billet.

Les voyageurs peuvent s'arrêter, tant à l'aller qu'au retour, à deux gares de leur choix, à condition de faire viser leur billet dès l'arrivée à la gare d'arrêt.

Billets d'aller et retour collectifs (*de Famille*)

DE

STATIONS HIVERNALES

pour Nice, Cannes, Menton, Hyères, Saint-Raphaël, etc.

Délivrés dans toutes les gares du réseau P.-L.-M.

1° — Billets d'aller et retour collectifs de 1re 2e et 3e classes

VALABLES 33 JOURS

Délivrés du **15 Octobre** au **15 Mai** sous condition d'effectuer un minimum de parcours simple de 150 kilomètres, aux familles d'au moins trois personnes voyageant ensemble pour les stations hivernales suivantes : **Cassis, La Ciotat, St-Cyr-la-Cadière, Bandol, Ollioules-Sanary, La Seyne-Tamaris-sur-Mer, Toulon, Hyères** et toutes les gares situées entre **Saint-Raphaël-Valescure, Grasse, Nice** et **Menton** inclusivement.

2° — Billets d'aller et retour collectifs de 2e et 3e classes

VALABLES JUSQU'AU 15 MAI

Délivrés du **1er Octobre** au **15 Novembre** aux familles composées d'au moins trois personnes voyageant ensemble pour **Cassis** et toutes les gares P.-L.-M. situées au delà. Le parcours simple doit être d'au moins 400 kilomètres.

Le coupon d'aller de ces billets n'est valable que du **1er Octobre** au **15 Novembre.**

Le prix des billets d'aller et retour collectifs indiqués ci-dessus s'obtient en ajoutant au prix de quatre billets simples ordinaires (pour les deux premières personnes), le prix d'un billet simple pour la troisième personne, la moitié de ce prix pour la quatrième et chacune des suivantes. — Arrêts facultatifs. — Faire la demande de billets 4 jours au moins à l'avance, à la gare de départ.

CHEMINS DE FER PARIS-LYON-MÉDITERRANÉE (Suite)

Bains de Mer de la Méditerranée

BILLETS D'ALLER ET RETOUR

à prix très réduits

individuels ou collectifs de famille

DÉLIVRÉS DANS TOUTES LES GARES DU RÉSEAU P.-L.-M.

du 15 Mai au 1er Octobre

Validité : 33 jours, avec faculté de prolongation (1).

1° Billets d'Aller et Retour individuels de Bains de Mer de 1re, 2e et 3e classes

Ces billets sont délivrés pour les stations balnéaires désignées ci-après :

Agay, Aigues-Mortes, Antibes, Bendol, Beaulieu, Cannes, Cassis, Cette, Golfe-Juan-Vallauris, Hyères, Juan-les-Pins, La Ciotat, La Seyne-Tamaris-sur-Mer, Menton, Monaco, Monte-Carlo, Montpellier, Nice, Ollioules-Sanary, Palavas, Saint-Cyr-La Cadière, Saint-Raphaël-Valescure, Toulon et Villefranche-sur-Mer.

Minimum de parcours simple : 150 kilomètres.

Prix : Le prix des billets est calculé d'après la distance totale, aller et retour, résultant de l'itinéraire choisi et d'après un barème faisant ressortir des réductions importantes.

2° Billets d'Aller et Retour Collectifs de Bains de Mer de 1re, 2e et 3e classes pour Familles

Ces billets sont délivrés aux familles d'au moins deux personnes, voyageant ensemble, pour les stations balnéaires désignées ci-dessus.

Minimum de parcours simple : 150 kilomètres.

Le prix s'obtient en ajoutant au prix de deux billets simples au tarif général (pour la première personne), le prix d'un billet simple pour la deuxième personne, la moitié de ce prix pour la troisième et chacune des suivantes.

Nota. — Les titulaires de billets de Bains de mer collectifs peuvent obtenir, conjointement avec ces billets ou sur la présentation de ceux-ci, des cartes d'abonnement d'un mois avec 50 0/0 de réduction sur le prix des abonnements ordinaires pour un parcours d'au plus 100 kilomètres comprenant la plage désignée sur le billet de bains de mer. Ces cartes d'abonnement peuvent être prises isolément par chacune des personnes nommément *désignées* sur le billet d'aller et retour collectif.

Ces billets donnent aux Voyageurs la faculté de s'arrêter aux gares situées sur l'itinéraire

Faire la demande de billets (individuels ou collectifs) quatre jours au moins avant le départ à la gare où le voyage doit être commencé.

---

(1) La durée de validité peut être prolongée une ou plusieurs fois de 15 jours moyennant le payement, pour chaque prolongation, d'un supplément égal à 10 0/0 du prix du billet.

VILLES D'EAUX

DESSERVIES PAR LE RÉSEAU P.-L.-M.

1° Billets d'aller et retour collectifs de 1re, 2e et 3e classes
Valables 33 jours, avec faculté de prolongation

Il est délivré, du 1er mai au 15 octobre, dans toutes les gares du réseau P.-L.-M., sous condition d'effectuer un parcours simple minimum de 150 kilomètres, aux familles d'au moins trois personnes voyageant ensemble, des billets d'aller et retour collectifs de 1re, 2e et 3e classes, pour les stations thermales du réseau et notamment pour : **Aix-les-Bains, Clermont-Ferrand (Royat), Vichy, Evian-les-Bains, etc.**

PRIX : Ajouter au prix de quatre billets simples ordinaires (pour les deux premières personnes) le prix d'un billet simple pour la troisième personne, la moitié de ce prix pour la quatrième et chacune des suivantes.

2° Billets d'aller et retour individuels de 1re, 2e et 3e classes
Valables 10 jours, avec faculté de prolongation

Il est délivré, du 1er mai au 31 octobre, dans toutes les gares du réseau, des billets d'aller et retour de 1re, 2e et 3e classes comportant une réduction de 25 0/0 en 1re classe, et de 20 0/0 en 2e et 3e classes, pour les stations dénommées ci-dessus.

Ces billets donnent aux voyageurs la faculté de s'arrêter aux gares situées sur l'itinéraire

Faire la demande de billets (collectifs ou individuels), quatre jours au moins à l'avance, à la gare où le voyage doit être commencé.

Billets de Vacances à prix réduits

Il est délivré, aux familles d'au moins trois personnes, des billets d'aller et retour collectifs de vacances de 1re 2e et 3e classes, de toutes gares P.-L.-M. à toutes gares P.-L.-M., sous condition d'effectuer un parcours simple minimum de 150 kilomètres ou de payer pour ce parcours :

1° Du jeudi qui précède la Fête des Rameaux, au Lundi de Pâques inclus.

Durée de validité : 33 jours ; faculté de prolongation d'une ou plusieurs périodes de 15 jours, moyennant le payement, pour chaque prolongation, d'un supplément de 10 0/0 de la valeur du billet collectif.

2° Du 15 juin au 15 septembre. Validité : jusqu'au 1er novembre.

PRIX : Ajouter au prix de quatre billets simples (pour les deux premières personnes), le prix d'un billet simple pour la troisième personne, la moitié de ce prix pour la quatrième et chacune des suivantes.

Lorsqu'un billet de vacances ne comprend que trois voyageurs, ceux-ci sont tenus de voyager ensemble à l'aller et au retour ; lorsqu'un billet de vacances comprend plus de trois voyageurs, trois d'entre eux au moins sont tenus de voyager ensemble à l'aller et au retour ; les autres ont la faculté, quand la demande du billet collectif en fait mention, de voyager isolément dans des conditions déterminées.

Les voyageurs ont la faculté de s'arrêter sur le réseau P.-L.-M. à toutes les gares de l'itinéraire.

Faire la demande de billets, quatre jours au moins à l'avance, à la gare de départ.

CHEMINS DE FER DE L'ÉTAT

BILLETS DE BAINS DE MER

Valables 33 jours, non compris le jour du départ

Billets d'aller et retour, à validité prolongeable, délivrés du jeudi précédant la fête des Rameaux au 31 octobre

1° BILLETS DE BAINS DE MER
AU DÉPART DE PARIS

De PARIS (Montparnasse) ou de PARIS (quai d'Orsay, pont St-Michel ou Austerlitz) par toute voie État via Chartres et Saumur ou via Chartres et Chinon ou par Tours transit) aux gares ci-après et retour.	PRIX ALLER ET RETOUR — Section I sans faculté d'arrêt aux gares intermédiaires			Section II § 1. Faculté d'arrêt entre CHARTRES ou TOURS et la station balnéaire.		
	1re cl.	2e cl.	3e cl.	1re cl.	2e cl.	3e cl.
Royan	71 30	52 40	38 10	80 65	61 20	43 80
La Tremblade (Ronce-les-Bains)	74 25	54 20	39 »	83 80	63 30	45 55
Le Chapus	67 20	49 10	35 »	77 05	56 95	40 »
Le Château-Quai (île d'Oléron)	68 70	50 60	36 20	78 55	59 70	41 20
Marennes	66 25	48 35	34 50	76 10	57 80	39 45
Fouras	63 90	46 50	33 20	73 75	55 75	37 90
Châtelaillon	62 35	46 10	32 50	71 95	55 25	37 05
Angoulins-sur-Mer	61 80	45 70	32 15	71 33	54 75	36 70
La Rochelle (ville)	61 10	45 10	31 80	70 50	54 20	36 30
La Rochelle-Pallice (île de Ré)	61 95	45 75	32 20	71 50	54 95	36 90
L'Aiguillon Port — Via Chantonnay-Transit	59 40	43 60	31 75	67 60	55 50	35 75
L'Aiguillon Port — Via Luçon-Transit	61 35	45 95	32 25	70 10	55 95	36 65
La Tranche — Via Chantonnay-Transit	61 90	45 10	31 25	70 10	57 »	38 25
La Tranche — Via Luçon-Transit	63 85	45 45	31 75	73 90	55 65	39 15
Les Sables-d'Olonne	62 60	45 90	32 55	72 25	56 95	37 20
Saint-Hilaire-de-Riez (Sion)	63 30	46 10	32 60	74 30	56 70	37 05
Saint-Gilles-Croix-de-Vie (Sion)	65 55	46 15	32 70	76 50	57 30	37 35
De PARIS-MONTPARNASSE, St-LAZARE ou INVALIDES par Segré et Nantes-État transit, ou Angers St-Laud transit, et Nantes-Orléans transit, aux gares ci-après et retour.				§ 2. Faculté d'arrêt entre Sainte-Pazanne incl. et la station balnéaire.		
Challans (île de Noirmoutier, île d'Yeu, Saint-Jean-de-Monts)	63 35	44 65	31 35	71 35	50 65	33 35
Bourgneuf-en-Retz	58 50	42 90	30 10	66 50	48 90	35 10
Les Moutiers	58 50	43 20	30 40	66 50	49 20	35 40
La Bernerie	58 50	43 55	30 60	[illegible]	49 55	35 00
Pornic (1) (2)	58 80	41 30	31 15	[illegible]	50 30	35 15
Saint-Père-en-Retz	58 30	43 30	30 65	[illegible]	49 30	34 65
Paimbœuf (2)	59 05	43 30	30 80	67 05	49 30	35 80

2° BILLETS DE BAINS DE MER
AU DÉPART DES GARES AUTRES QUE PARIS, VALABLES 33 JOURS
non compris le jour du départ

Ces billets sont délivrés par toutes les gares, stations et haltes du réseau de l'État (Paris excepté), pour toutes les stations balnéaires désignées ci-dessus. Ils comportent les mêmes réductions de prix que les billets d'aller et retour ordinaires et donnent le droit de s'arrêter aux gares intermédiaires.

Dispositions spéciales au 1° et au 2°

Enfants. — Les enfants de 3 à 7 ans payent moitié du prix des billets de bains de mer.

Prolongation de la durée de validité. — La durée de validité peut être prolongée de 30 jours, moyennant un supplément égal à 10 0/0 du prix du billet. Cette prolongation peut être accordée deux fois au plus ; le supplément à payer pour chaque prolongation de 30 jours est de 10 0/0 du prix primitif.

3° BILLETS DE BAINS DE MER
A VALIDITÉ RÉDUITE, SANS FACULTÉ DE PROLONGATION

A) Billets de toutes classes valables pendant 5 jours, du vendredi de chaque semaine au mardi suivant, ou de l'avant-veille au surlendemain d'un jour férié. — Leurs prix sont ceux des billets simples augmentés d'un dixième avec minimum de perception, par place, de 12 fr. en 1re classe, de 9 fr. en 2e classe et de 6 fr. en 3e classe.

B) Billets de 2e et de 3e classes délivrés par toutes les gares du réseau de l'État situées au sud de la Loire, valables un jour seulement : le dimanche ou un jour férié — Leurs prix sont les deux tiers de ceux des billets de bains de mer de 33 jours, avec minimum de perception par place de 4 fr. en 2e classe et de 2 fr. 50 en 3e classe.

Pour les conditions d'utilisation des billets de bains de mer, voir les Tarifs G. V. nos 6 et 106.

(1) Un service régulier de bateaux à vapeur est organisé entre Pornic et Noirmoutier pendant la période du 1er juillet au 30 septembre.

(2) Les stations de Pornic et Paimbœuf desservent les plages de Ste-Marie, La Plaine, Préfailles, Le Cormier, Tharon, St-Michel-Chef-Chef, Les Rochelets, St-Brévin-l'Océan et St-Brévin-les-Pins, par l'intermédiaire de la Cie des Chemins de fer d'intérêt local du Morbihan (Réseau de la Loire-Inf.).

ABONNEMENTS DE BAINS DE MER

Des cartes d'abonnement de Bains de mer valables un mois, trois mois ou six mois et comportant une réduction de 30 0/0 sur les prix des cartes ordinaires d'abonnement de même durée, sont délivrées chaque année, à partir du jeudi précédant la fête des Rameaux jusqu'au 31 octobre pour les cartes d'un ou trois mois, et jusqu'au 31 juillet pour les cartes de six mois. Ces cartes ne sont délivrées qu'aux personnes qui prennent en même temps au moins trois billets ordinaires ou de bains de mer.

(Pour les autres conditions, voir le Tarif spécial G. V. n° 3.)

BILLETS D'ALLER ET RETOUR DE FAMILLE

POUR LES VACANCES

Valables 33 jours, non compris le jour du départ

Délivrés du jeudi précédant la fête des Rameaux au lundi de Pâques inclus (sans prolongation), et du 1er juillet au 1er octobre, avec prolongation facultative, moyennant surtaxe, aux familles d'au moins trois personnes payant place entière et voyageant ensemble :

a) Au départ de PARIS, pour les gares, stations et haltes du réseau de l'État situées à 125 kilomètres au moins de Paris, ou réciproquement ;

b) Au départ de toutes les gares, stations et haltes du réseau de l'État (Paris excepté), pour les gares, stations et haltes situées à 60 kilomètres au moins du point de départ.

Il peut être délivré à un ou plusieurs des voyageurs compris dans un billet collectif et en même temps que ce billet une carte d'identité sur la présentation de laquelle le titulaire sera admis à voyager isolément à moitié prix du tarif ordinaire des billets simples, pendant la durée de la villégiature de la famille, entre la gare de délivrance du billet collectif et le point de destination mentionné sur ce billet.

Enfants. — Les enfants de 3 à 7 ans payent la moitié du prix que paye un voyageur à place entière.

(Pour les autres conditions, voir les Tarifs spéciaux G. V. nos 2 bis et 9 bis.)

VOYAGE CIRCULAIRE AU LITTORAL DE L'OCÉAN

ENTRE BORDEAUX ET NANTES

Billets individuels et de famille

délivrés du jeudi précédant la fête des Rameaux au 31 octobre

Valables 33 jours (non compris le jour de la délivrance)

avec faculté de prolongation de trois fois 10 jours moyennant un supplément de 10 0/0 pour chaque prolongation

PRIX :

1° **Billets individuels** : 1re classe, 60 fr. — 2e classe, 45 fr. — 3e classe, 30 fr.

2° **Billets de famille** : Prix ci-dessus réduits de 10 0/0 pour une famille de 3 personnes, jusqu'à 25 0/0 pour un nombre de 6 personnes ou plus.

Billets spéciaux de parcours complémentaires pour rejoindre ou quitter l'itinéraire du voyage d'excursion.

(Pour les autres conditions, voir le Tarif spécial G. V. N° 5.)

CARTES D'EXCURSION VALABLES 15 JOURS

Pendant la période du jeudi précédant la fête des Rameaux au 31 octobre, il sera délivré, par toutes les gares, stations et haltes du réseau de l'État, des cartes d'excursion valables pendant 15 jours et comportant la libre circulation, savoir :

Cartes A. — Sur l'ensemble du réseau de l'État.

Cartes B. — Sur toutes les lignes du réseau de l'État situées au Sud de la Loire (y compris les gares de Nantes, Angers, La Possonnière, Saumur et Port-Boulet).

Ces cartes sont délivrées aux prix ci-après :

Cartes A (valables sur l'ensemble du réseau) : 1re classe, 125 fr. ; 2e cl., 100 fr. ; 3e cl., 75 fr.

Cartes B (valables sur le réseau sud seulement) : 1re classe, 100 fr. ; 2e cl., 75 fr. ; 3e cl., 50 fr.

Les demandes de cartes d'excursion pourront être adressées aux chefs de toutes les gares ou stations du réseau de l'État, ou au chef du contrôle de ce réseau (rue Saint-Lazare, n° 45, à Paris).

(Pour les autres conditions, voir le Tarif spécial G. V. n° 5.)

RELATIONS DIRECTES ENTRE PARIS ET VALPARAISO

Par La Rochelle-Pallice et la Compagnie de navigation à vapeur du Pacifique

Service tous les 15 jours

Train spécial (1re, 2e et 3e classes), entre Paris-Montparnasse et La Rochelle-Pallice

(Sans transbordement)

TRAJET DIRECT EN 8 HEURES 49

Départ de Paris le samedi à 10 h. 40 du soir — Arrivée à La Rochelle-Pallice (Bassin à flot) le lendemain à 7 h. 29 du matin

CHEMIN DE FER D'ORLÉANS

Billets d'Aller et Retour Collectifs de Famille

en 1re, 2e et 3e Classes

délivrés, aux familles d'au moins trois personnes, de toute station du réseau à toute station du réseau située à 125 kilomètres au moins du point de départ :

1° **Toute l'Année.** — Trois premières personnes, prix de 3 billets aller et retour ordinaires du tarif G. V., n° 2 ; par personne en plus, réduction de 50 0/0. (Il peut être délivré un coupon spécial au chef de famille qui a la faculté de revenir seul à son point de départ.)

Ces billets ont la même durée de validité que celle des billets aller et retour ordinaires et peuvent être prolongés dans les mêmes conditions.

2° **Saison de Printemps** (1). — Du jeudi qui précède la fête des Rameaux au 25 juin. Validité : 33 jours, 2 prolongations facultatives de 15 jours moyennant supplément.

3° **Saison d'Été** (1). — Du 25 juin au 1er octobre. Validité jusqu'au 5 novembre.

Réduction des aller et retour pour les 2 premières personnes, de 50 0/0 pour la 3e et de 75 0/0 pour la 4e et les suivantes.

Faculté pour le chef de famille de rentrer isolément à son point de départ. Délivrance, à un ou plusieurs membres de la famille, de cartes d'identité permettant au titulaire de voyager isolément à 1/2 tarif entre le point de départ et le lieu de destination mentionnés sur le billet.

En outre, pour les billets de Saison d'Été, les membres de la famille au-dessus de 3 personnes ont la faculté d'effectuer isolément leur voyage à l'aller et au retour en acquittant, au guichet, le prix d'un billet militaire.

BILLETS D'EXCURSIONS

En Touraine, aux Châteaux des Bords de la Loire et aux Stations Balnéaires

de la Ligne de Saint-Nazaire au Croisic et à Guérande

Billets spéciaux délivrés toute l'année comportant un itinéraire tracé à l'avance au départ de Paris.

1er Itinéraire. — Paris, Orléans, Blois, Amboise, Tours, Chenonceaux et retour à Tours, Loches et retour à Tours, Langeais, Saumur, Angers, Nantes, Saint-Nazaire, Le Croisic, Guérande et retour à Paris, via Blois ou Vendôme ou via Angers et Chartres, *sans arrêt sur le réseau de l'Ouest.*

Prix : 86 francs en 1re Classe ; 63 francs en 2e Classe.

Durée de validité : 30 jours avec faculté de prolongation.

2e Itinéraire. — Paris, Orléans, Blois, Amboise, Tours, Chenonceaux et retour à Tours, Loches et retour à Tours, Langeais et retour à Paris, via Blois ou Vendôme.

Prix : 1re Classe, 54 francs ; — 2e Classe, 41 francs.

Durée de la validité : 15 jours sans prolongation.

Des billets pour parcours supplémentaires sont délivrés de toute station du réseau pour une autre station du réseau située sur l'itinéraire des billets d'excursion ou inversement.

CARTES D'EXCURSIONS EN TOURAINE

Ces cartes, délivrées toute l'année à Paris et aux principales gares de province, comportent la faculté de circuler à volonté dans une zone formée par les sections d'Orléans à Tours, de Tours à Langeais, de Tours à Buzançais, de Tours à Gièvres, de Buzançais à Romorantin et de Romorantin à Blois.

Elles donnent, en outre, droit à un voyage aller et retour, avec arrêts facultatifs, entre la gare de départ du voyageur et le point d'accès à la zone définie ci-dessus.

Leur validité est de 15 jours, non compris le jour du départ à l'aller, ni celui de l'arrivée au retour, avec faculté de prolongation à deux reprises de 15 jours moyennant supplément.

Des cartes de famille sont délivrées avec une réduction de 10 à 50 0/0 sur les prix des cartes individuelles, suivant le nombre des membres de la famille.

PYRÉNÉES ET GOLFE DE GASCOGNE

Billets d'aller et retour individuels pour les stations thermales, balnéaires et hivernales délivrés toute l'année de toutes les gares du réseau, valables 33 jours avec faculté de prolongation et comportant une réduction de 25 0/0 en 1re classe et de 20 0/0 en 2e et 3e classes.

Billets d'aller et retour de famille pour les stations thermales, balnéaires, et hivernales délivrés toute l'année de toutes les stations du réseau, réduction de 20 à 40 0/0 suivant le nombre de personnes, validité 33 jours avec faculté de prolongation.

Billets d'excursion délivrés toute l'année au départ de Paris avec 3 itinéraires différents, via Bordeaux ou Toulouse, permettant de visiter Bordeaux, Arcachon, Dax, Bayonne, Pau, Lourdes, Luchon, etc., validité 30 jours avec faculté de prolongation ; prix : 2e itinéraire : 1re classe, 163 fr. 50 ; 2e classe, 122 fr. 50. Prix, 1er et 3e itinéraires : 1re classe, 164 fr. 50 ; 2e classe, 123 francs.

Cartes d'excursions individuelles et de famille dans le centre de la France et les Pyrénées, **divisés en 6 zones**, délivrées au départ de Paris et des principales gares du réseau du 15 juin au 15 septembre et donnant aux voyageurs le droit de circuler à leur gré dans la zone de libre circulation choisie par eux, validité un mois avec faculté de prolongation.

Pour les billets de famille, la réduction varie suivant le nombre des personnes de 10 à 50 0/0.

NOTA. — Pour plus amples renseignements consulter le *Livret Guide Officiel* de la Compagnie d'Orléans adressé *franco* contre l'envoi de 0 fr. 50 à l'Administration Centrale du chemin de fer d'Orléans, 1, place Valhubert, à Paris, bureau du Trafic-Voyageurs (Publicité).

---

(1) La distance minima de 125 kilomètres est réduite à 60 kilomètres pour les billets à destination d'une station thermale ou balnéaire.

CHEMINS DE FER DU MIDI

Les voyageurs peuvent effectuer des voyages sur le réseau du Midi (notamment dans les Pyrénées et aux gorges du Tarn), au moyen d'une des combinaisons suivantes, comportant de notables réductions sur les prix ordinaires des places :

1° Billets d'aller et retour individuels et de famille, de toutes classes

A destination des stations thermales et balnéaires situées sur le réseau du Midi.

Durée (1) : 33 jours, non compris les jours de départ et d'arrivée.

2° Billets de voyages circulaires : Paris, centre de la France, Pyrénées, Provence et gorges du Tarn (de 1re et 2e classes)

Durée (1) : 90 jours pour les voyages intérieurs du Midi (G. V., 5) et 30 jours pour les voyages communs avec l'Orléans et le P.-L.-M. (G. V., 105). — En outre, il est délivré, sur les réseaux du Midi et d'Orléans, des billets spéciaux d'aller et retour à prix réduits, pour permettre aux voyageurs porteurs de billets de voyages circulaires de visiter des points situés en dehors du voyage circulaire, notamment Carcassonne.

3° Billets d'aller et retour de famille pour les vacances

Durée (1) : 33 jours, non compris le jour du départ.

4° Cartes d'excursions dans le centre de la France et les Pyrénées
donnant droit à la libre circulation dans les zones à explorer

Ces cartes sont délivrées du 15 juin au 15 septembre, au départ de toutes les gares des réseaux du Midi et de l'Orléans.

Durée de validité : un mois avec faculté de prolongation moyennant supplément.

Il existe 5 zones d'excursions sur lesquelles le voyageur a droit à la *libre circulation.*

Les prix varient suivant le point de départ et la zone choisie. — Des réductions allant de 10 0/0 pour la 2e personne jusqu'à 50 0/0 pour la 6e et les suivantes sont consenties à toute personne qui souscrit en même temps plusieurs cartes de même nature en faveur des membres de sa famille (2).

5° Billets spéciaux d'aller et retour, de toutes classes, pour Lourdes

Délivrés au départ de toutes les gares des réseaux de l'État, du Nord, de l'Ouest, de l'Est, de P.-L.-M., d'Orléans, et dans toutes les gares du Midi situées à plus de 100 kilomètres de Lourdes. — Durée de validité variable suivant la longueur du parcours : 4 à 12 jours, non compris le jour du départ. Réduction de 20 0/0 à 40 0/0 suivant la classe et la distance parcourue (3).

AVIS. — *Un livret indiquant en détail les conditions dans lesquelles peuvent être effectués les divers voyages d'excursion, de famille, etc., sera envoyé à toute personne qui fera parvenir au service commercial de la Compagnie, boulevard Haussmann, 54, à Paris (IXe arr.), le montant de l'affranchissement du livret, soit 25 centimes.*

---

(1) Faculté de prolongation moyennant supplément de 10 p. 100.
(2) Consulter, pour les détails le Tarif commun G.V., no 106.
(3) Consulter pour les détails le tarif commun G. V., no 102.

CHEMIN DE FER DU NORD

PARIS-NORD A LONDRES

Via Calais ou Boulogne

Cinq services rapides quotidiens dans chaque sens — Voie la plus rapide

SERVICES OFFICIELS DE LA POSTE

(Via Calais)

La gare de Paris-Nord, située au centre des affaires, est le point de départ de tous les grands express européens pour l'Angleterre, la Belgique, la Hollande, le Danemark, la Suède, la Norvège, l'Allemagne, la Russie, la Chine, le Japon, l'Autriche, l'Orient, la Suisse, l'Italie, la Côte d'Azur, l'Égypte, les Indes et l'Australie.

SERVICES RAPIDES

ENTRE PARIS, LA BELGIQUE, LA HOLLANDE, L'ALLEMAGNE, LA RUSSIE, LE DANEMARK LA SUÈDE ET LA NORVÈGE

		Trajet en	
6 express dans chaque sens entre	Paris et Bruxelles	3 h	30
3 — —	Paris et Amsterdam	[illegible]	30
5 — —	Paris et Cologne	[illegible]	[illegible]
5 — —	Paris et Francfort-sur-Mein	[illegible]	[illegible]
3 — —	Paris et Hambourg	[illegible]	[illegible]
5 — —	Paris et Berlin	[illegible]	[illegible]
2 — —	Paris et St-Pétersbourg	51	[illegible]
Par le Nord-express, bihebdomadaire		[illegible]	[illegible]
1 express dans chaque sens entre Paris et Moscou		[illegible]	[illegible]
Par le Nord-express, hebdomadaire		[illegible]	[illegible]
2 — —	Paris et Copenhague	[illegible]	[illegible]
2 — —	Paris et Stockholm	[illegible]	[illegible]
2 — —	Paris et Christiania	[illegible]	[illegible]

SAISON DES BAINS DE MER

Billets à prix réduits

Pendant la saison, du jeudi précédant la fête des Rameaux au 31 octobre, toutes les gares du Chemin de fer du Nord délivrent des billets de bains de mer de 1re, 2e et 3e classes, à destination des stations balnéaires suivantes : [illegible] via Feuquières-Fressenneville, BERCK (station du chemin de fer d'intérêt local, via Montreuil-sur-Mer ou via Rang-du-Fliers-Verton), BOULOGNE-VILLE [illegible] CALAIS-VILLE [illegible] de fer d'intérêt local, via Saint-Valery-sur-Somme, QUEND-FORT-MAHON, QUEND-PLAGE, FORT-MAHON-PLAGE [illegible] (Somme), [illegible] (Vaucluse), [illegible] ESTREE ([illegible]).

Il existe trois catégories de billets, savoir :

1° Billets de saison (1) de 1re, 2e et 3e classes, valables pendant 33 jours, non compris le jour de l'émission, avec faculté de prolongation pendant plusieurs périodes de 15 jours (2), sous condition d'effectuer un parcours minimum de [illegible] kilomètres aller et retour. Ces billets, créés pour les familles, sont [illegible] [illegible].

2° Billets hebdomadaires et carnets d'aller et retour (1) de 1re, 2e et 3e classes. Les billets hebdomadaires sont valables pendant 5 jours, du vendredi ou samedi au lundi ou mardi [illegible] lignes. Ces billets et carnets sont individuels. Les prix varient selon la distance et présentent des réductions de 75 à 40 0/0. Les carnets contiennent [illegible] billets d'aller et retour et peuvent être utilisés à une date quelconque dans le délai de 33 jours, non compris le jour de distribution.

(Voir suite, page suivante.)

CHEMIN DE FER DU NORD *(Suite)*

3° **Billets d'excursion** (1) de 2e et 3e classes, les dimanches et jours de fêtes légales, valables pendant une journée. Ces billets sont individuels ou de famille. — Les prix réduits des billets individuels sont indiqués dans le tableau ci-dessous. — Pour les *familles* (ascendants et descendants), il est accordé une nouvelle réduction sur le prix des billets individuels d'excursion, allant de 5 à 25 0/0, selon que la famille se compose de 2, 3, 4, 5 personnes et plus.

Les billets de saison et les billets hebdomadaires sont valables dans les mêmes trains et aux mêmes conditions que les billets ordinaires du parcours intéressé.

Les billets d'excursion ne sont valables que dans des **trains spéciaux** *ou dans des* **trains du service ordinaire** *désignés à cet effet par la Compagnie.*

4° **Cartes d'abonnement** (1) de 1re, 2e et 3e classes, valables pendant 33 jours, et comportant une réduction de [illegible] 0/0 sur le prix des abonnements ordinaires d'un mois. Ces cartes ne sont délivrées qu'à toute personne qui prend deux billets ordinaires au moins ou un billet de saison pour les membres de sa famille [illegible] sous le même toit dans une station balnéaire désignée ci-dessous. Ces cartes ne sont valables que pour les points de départ et de destination sans arrêt en cours de route.

Les prix au départ de Paris, pour les trois catégories, sont les suivants :

Prix des billets (3) de saison, hebdomadaires et d'excursion

DE PARIS AUX STATIONS CI-DESSOUS	Billets de saison de famille valables pendant 33 jours — Prix pour 3 personnes			Prix pour chaque personne en plus			BILLETS hebdomadaires — Prix (**) par personne			BILLETS d'excursion — Prix (*) par personne	
	1re cl.	2e cl.	3e cl.	1re cl.	2e cl.	3e cl.	1re cl.	2e cl.	3e cl.	2e cl.	3e cl.
Ault-Onival (via Feuquières-Fressenneville)	[illegible]	[illegible]	[illegible]	[illegible]	[illegible]	[illegible]	[illegible]	[illegible]	[illegible]	[illegible]	[illegible]
Berck	[illegible]	[illegible]	[illegible]	[illegible]	[illegible]	[illegible]	[illegible]	[illegible]	[illegible]	[illegible]	[illegible]
Boulogne (ville)	[illegible]	[illegible]	[illegible]	[illegible]	[illegible]	[illegible]	[illegible]	[illegible]	[illegible]	[illegible]	[illegible]
Calais (ville)	[illegible]	[illegible]	[illegible]	[illegible]	[illegible]	[illegible]	[illegible]	[illegible]	[illegible]	[illegible]	[illegible]
Cayeux	[illegible]	[illegible]	[illegible]	[illegible]	[illegible]	[illegible]	[illegible]	[illegible]	[illegible]	[illegible]	[illegible]
Conchil-le-Temple (Fort-Mahon)	[illegible]	[illegible]	[illegible]	[illegible]	[illegible]	[illegible]	[illegible]	[illegible]	[illegible]	[illegible]	[illegible]
Dannes-Camiers	[illegible]	[illegible]	[illegible]	[illegible]	[illegible]	[illegible]	[illegible]	[illegible]	[illegible]	[illegible]	[illegible]
Dunkerque	[illegible]	[illegible]	[illegible]	[illegible]	[illegible]	[illegible]	[illegible]	[illegible]	[illegible]	[illegible]	[illegible]
Enghien-les-Bains	[illegible]	[illegible]	[illegible]	[illegible]	[illegible]	[illegible]	[illegible]	[illegible]	[illegible]	[illegible]	[illegible]
Étaples	[illegible]	[illegible]	[illegible]	[illegible]	[illegible]	[illegible]	[illegible]	[illegible]	[illegible]	[illegible]	[illegible]
Eu	[illegible]	[illegible]	[illegible]	[illegible]	[illegible]	[illegible]	[illegible]	[illegible]	[illegible]	[illegible]	[illegible]
Fort-Mahon (plage) (4)	[illegible]	[illegible]	[illegible]	[illegible]	[illegible]	[illegible]	[illegible]	[illegible]	[illegible]	[illegible]	[illegible]
Ghyvelde (Bray-Dunes)	[illegible]	[illegible]	[illegible]	[illegible]	[illegible]	[illegible]	[illegible]	[illegible]	[illegible]	[illegible]	[illegible]
Gravelines (Petit-Fort-Philippe)	[illegible]	[illegible]	[illegible]	[illegible]	[illegible]	[illegible]	[illegible]	[illegible]	[illegible]	[illegible]	[illegible]
Le Crotoy	[illegible]	[illegible]	[illegible]	[illegible]	[illegible]	[illegible]	[illegible]	[illegible]	[illegible]	[illegible]	[illegible]
Leffrinckoucke (Malo-Terminus)	[illegible]	[illegible]	[illegible]	[illegible]	[illegible]	[illegible]	[illegible]	[illegible]	[illegible]	[illegible]	[illegible]
Le Tréport-Mers	[illegible]	[illegible]	[illegible]	[illegible]	[illegible]	[illegible]	[illegible]	[illegible]	[illegible]	[illegible]	[illegible]
Loon-Plage	[illegible]	[illegible]	[illegible]	[illegible]	[illegible]	[illegible]	[illegible]	[illegible]	[illegible]	[illegible]	[illegible]
Marquise-Rinxent	[illegible]	[illegible]	[illegible]	[illegible]	[illegible]	[illegible]	[illegible]	[illegible]	[illegible]	[illegible]	[illegible]
Noyelles	[illegible]	[illegible]	[illegible]	[illegible]	[illegible]	[illegible]	[illegible]	[illegible]	[illegible]	[illegible]	[illegible]
Paris-Plage	[illegible]	[illegible]	[illegible]	[illegible]	[illegible]	[illegible]	[illegible]	[illegible]	[illegible]	[illegible]	[illegible]
Pierrefonds	[illegible]	[illegible]	[illegible]	[illegible]	[illegible]	[illegible]	[illegible]	[illegible]	[illegible]	[illegible]	[illegible]
Quend-Fort-Mahon	[illegible]	[illegible]	[illegible]	[illegible]	[illegible]	[illegible]	[illegible]	[illegible]	[illegible]	[illegible]	[illegible]
Quend-Plage (4)	[illegible]	[illegible]	[illegible]	[illegible]	[illegible]	[illegible]	[illegible]	[illegible]	[illegible]	[illegible]	[illegible]
Rang-du-Fliers-Verton	[illegible]	[illegible]	[illegible]	[illegible]	[illegible]	[illegible]	[illegible]	[illegible]	[illegible]	[illegible]	[illegible]
Rosendaël (plage de Malo-les-Bains)	[illegible]	[illegible]	[illegible]	[illegible]	[illegible]	[illegible]	[illegible]	[illegible]	[illegible]	[illegible]	[illegible]
Saint-Amand	[illegible]	[illegible]	[illegible]	[illegible]	[illegible]	[illegible]	[illegible]	[illegible]	[illegible]	[illegible]	[illegible]
Saint-Amand-Thermal	[illegible]	[illegible]	[illegible]	[illegible]	[illegible]	[illegible]	[illegible]	[illegible]	[illegible]	[illegible]	[illegible]
Saint-Valery-sur-Somme	[illegible]	[illegible]	[illegible]	[illegible]	[illegible]	[illegible]	[illegible]	[illegible]	[illegible]	[illegible]	[illegible]
[illegible]	[illegible]	[illegible]	[illegible]	[illegible]	[illegible]	[illegible]	[illegible]	[illegible]	[illegible]	[illegible]	[illegible]
Wimille-Wimereux	[illegible]	[illegible]	[illegible]	[illegible]	[illegible]	[illegible]	[illegible]	[illegible]	[illegible]	[illegible]	[illegible]
Zuydcoote (Nord-Plage)	[illegible]	[illegible]	[illegible]	[illegible]	[illegible]	[illegible]	[illegible]	[illegible]	[illegible]	[illegible]	[illegible]

(*) Sur les prix afférents au parcours de la Compagnie du Nord, une nouvelle réduction de 5 à 25 0/0 est faite sur les billets de famille, selon que la famille se compose de 2 à 5 personnes et au delà.

(**) [illegible] d'aller et retour, peuvent être utilisés à une date quelconque dans le délai de 33 jours, non compris le jour de distribution.

(1) Ces billets sont personnels et ne peuvent être vendus, sous peine de poursuites judiciaires.

(2) [illegible] au retour, par les soins de la gare de départ, avant l'expiration de la première période moyennant un supplément de 10 0/0 du prix total du billet.

(3) [illegible]

(4) Les billets à destination de Fort-Mahon-Plage et de Quend-Plage ne sont délivrés que du 15 juin au [illegible], période pendant laquelle fonctionne le tramway. Avant et après cette période, la distribution et la prolongation sont limitées à Quend-Fort-Mahon.

CHEMINS DE FER DE L'OUEST

VOYAGES A PRIX RÉDUITS

Afin de faciliter les voyages sur son réseau, la Compagnie des chemins de fer de l'Ouest met à la disposition du public les billets à PRIX RÉDUITS, dont la nomenclature suit, comportant jusqu'à 50 0/0 de réduction sur les prix du tarif ordinaire :

Billets Bains de Mer

(Du jeudi précédant la fête des Rameaux au 31 octobre)

I. — Billets individuels délivrés au départ de PARIS, valables selon la distance, 3, 4, 10 et 33 jours.

II. — Billets individuels délivrés au départ de la PROVINCE, valables selon la distance, 3, 4, 10 et 33 jours.

III. — Billets individuels délivrés au départ des réseaux du NORD, de l'EST, d'ORLÉANS et de l'ÉTAT, pour les stations balnéaires du réseau de l'Ouest, valables 33 jours.

IV. — Billets de famille pour 4 personnes au moins délivrés au départ des gares des réseaux de l'Est, du Midi et de P.-L.-M. pour les stations balnéaires et thermales du réseau de l'Ouest, valables 33 jours.

Billets de Voyages circulaires

(1er mai au 31 octobre)

Billets circulaires valables UN MOIS
délivrés au départ de PARIS et de la PROVINCE.

ONZE ITINÉRAIRES différents permettent de visiter les points les plus intéressants de la Normandie, de la Bretagne et l'Ile de Jersey.

Excursion au Mont Saint-Michel

(Du jeudi précédant la fête des Rameaux au 31 octobre)

Billets délivrés par toutes les gares du réseau, valables selon la distance, de 3 à 8 jours.

Excursion au Havre

(Juin à septembre)

Billets délivrés au départ de PARIS et de ROUEN (R. D.), donnant droit au trajet en bateau dans un sens entre ROUEN et le HAVRE.

Excursion à l'Ile de Jersey

Toute l'année, par GRANVILLE et SAINT-MALO. — Mai à octobre, par CARTERET. Billets délivrés au départ de PARIS et de certaines gares de la PROVINCE, valables UN mois.

Voyage Circulaire en Bretagne

Billets circulaires délivrés TOUTE L'ANNÉE avec billets d'aller et retour complémentaires à prix réduits, permettant de rejoindre l'itinéraire.

ITINÉRAIRE. — Rennes, Saint-Malo-Saint-Servan, Dinard-Saint-Enogat, Dinan, Saint-Brieuc, Guingamp, Lannion, Morlaix, Roscoff, Brest, Quimper, Douarnenez, Pont-l'Abbé, Concarneau, Lorient, Auray, Quiberon, Vannes, Savenay, Le Croisic, Guérande, Saint-Nazaire, Pont-Château, Redon, Rennes.

Excursions en Bretagne

Facilités accordées par cartes d'abonnement individuelles et de famille, valables pendant 33 jours.

ABONNEMENTS INDIVIDUELS

Il est délivré, du jeudi précédant la fête des Rameaux au 31 octobre, des cartes d'abonnement spéciales permettant de partir d'une gare quelconque (grandes lignes) du réseau de l'Ouest pour une gare au choix des lignes désignées aux alinéas ci-dessous en s'arrêtant sur le parcours; de circuler ensuite, à son gré, pendant un mois, non seulement sur ces lignes, mais aussi sur tous leurs embranchements qui conduisent à la mer, et enfin, une fois l'excursion terminée, de revenir au point de départ avec les mêmes facilités d'arrêt qu'à l'aller.

Carte valable sur la côte nord de Bretagne : 1re classe, 100 fr.; 2e classe, 75 fr. — Parcours : Ligne de Granville à Brest (par Folligny, Dol et Lamballe) et les embranchements de cette ligne vers la mer.

Carte valable sur la côte sud de Bretagne : 1re classe, 100 fr.; 2e classe, 75 fr. — Parcours : Ligne du Croisic et de Guérande à Châteaulin et les embranchements de cette ligne vers la mer.

Carte valable sur les côtes nord et sud de Bretagne : 1re classe, 130 fr.; 2e classe, 95 fr. — Parcours : Lignes de Granville à Brest (par Folligny, Dol et Lamballe) et de Brest au Croisic et à Guérande et les embranchements de ces lignes vers la mer.

Carte valable sur les côtes nord et sud de Bretagne et lignes intérieures situées à l'ouest de celle de Saint-Malo à Redon : 1re classe, 150 fr.; 2e classe, 110 fr. — Parcours : Lignes de Granville à Brest (par Folligny, Dol et Lamballe) et de Brest au Croisic et à Guérande et les embranchements de ces lignes vers la mer, ainsi que les lignes de Dol à Redon, de Messac à Ploërmel, de Lamballe à Rennes, de Dinan à Questembert, de Saint-Brieuc à Auray, de Loudéac à Carhaix, de Morlaix et de Guingamp à Rosporden.

ABONNEMENTS DE FAMILLE

Toute personne qui souscrit, en même temps que l'abonnement qui lui est propre, un ou plusieurs autres abonnements de même nature en faveur des membres de sa famille ou domestiques habitant avec elle, bénéficie, pour ces cartes supplémentaires, de réductions variant entre 10 et 50 0/0, suivant le nombre de cartes délivrées.

Paris à Londres

Via ROUEN, DIEPPE et NEWHAVEN, par la gare SAINT-LAZARE

Deux départs tous les jours et toute l'année, matin et soir (dimanches et fêtes compris)

Billets simples valables sept jours			Billets d'aller et retour valables un mois		
1re classe	2e classe	3e classe	1re classe	2e classe	3e classe
48 fr. 35	35 fr. »	23 fr. 35	82 fr. 75	58 fr. 75	41 fr. 50

Ces billets donnent le droit de s'arrêter, sans supplément de prix, à toutes les gares situées sur le parcours, ainsi qu'à Brighton

Nota. — Les trains du service de jour entre Paris et Dieppe et vice versa comportent des voitures de 1re et de 2e classes à couloir avec W.-C. et Toilette ainsi qu'un wagon-restaurant; ceux du service de nuit comportent des voitures à couloir des trois classes avec W.-C. et Toilette.

Une voiture de 1re classe à couloir des trains de nuit comporte des compartiments à couchettes (supplément 5 francs par place). Les couchettes peuvent être retenues à l'avance aux gares de Paris et de Dieppe moyennant une surtaxe de 1 franc par couchette.

Pour plus de renseignements, demander le bulletin spécial du service de Paris à Londres, que la Compagnie de l'Ouest envoie franco à domicile sur demande affranchie adressée au Service de la Publicité, 20, rue de Rome, à Paris.

CHEMINS DE FER DE L'EST

Services directs internationaux

Des trains rapides quotidiens assurent les services directs de la Compagnie de l'Est avec : la Suisse, *via* Belfort-Bâle, — l'Italie, *via* Belfort, Bâle et le St-Gothard, — Luxembourg, *via* Longwy, — l'Allemagne, *via* Pagny-sur-Moselle, et Avricourt, — l'Autriche-Hongrie et l'Europe Orientale, *via* Avricourt-Strasbourg et *via* Belfort, Bâle, la Suisse et l'Arlberg.

Voyages internationaux à prix réduits, à itinéraires tracés par le voyageur

Les gares du réseau de l'Est délivrent toute l'année des livrets internationaux à coupons combinables, à prix réduits, permettant aux voyageurs de composer à leur gré un voyage circulaire ou d'aller et retour comportant des parcours en France, en Algérie, en Tunisie, en Corse, sur les lignes d'un grand nombre de Compagnies de navigation européennes, ainsi que sur la plupart des lignes des réseaux étrangers.

Parcours minimum, 600 kilomètres. — Durée de la validité des livrets : 60 jours jusqu'à 3000 kilom., 90 jours de 3001 à 5000 kilom. inclus, et 120 jours au-dessus de 5000 kilom.

Voyages circulaires à itinéraires fixes à prix réduits de France en Italie

Il est délivré pendant toute l'année, dans les gares du réseau de l'Est, des billets circulaires valables 60 jours, sans faculté de prolongation, permettant de se rendre en Italie par le St-Gothard et d'en revenir par le Mont-Cenis ou par Vintimille. Ces billets offrent de nombreuses combinaisons d'excursions sur les lignes italiennes.

Billets d'aller et retour de famille et Billets circulaires de saison, à prix réduits

I. Billets d'aller et retour de famille. — *a)* Pour les stations thermales situées sur le réseau de l'Est, pour Gérardmer (Vosges) et pour Givet (Vallée de la Meuse).

Délivrance des billets du 15 mai au 15 septembre.

b) Pour voyager sur le réseau de l'Est, à l'occasion de Pâques (délivrance du jeudi qui précède la fête des Rameaux au lundi de Pâques) et des grandes vacances (délivrance du 15 juin au 15 septembre).

II. Billets circulaires individuels ou de famille pour excursions dans les Vosges, délivrés dans les gares du réseau de l'Est et au départ des réseaux de l'Ouest, de l'État, d'Orléans et du Nord, dans la période du 1er mai au 15 octobre.

Nota. — Pour tous autres renseignements, consulter le livret des Voyages circulaires, que la Compagnie de l'Est envoie gratuitement aux personnes qui en font la demande.

II. — Annonces diverses provenant de PARIS

GLACIÈRE PORTATIVE

La seule qu'on fasse fonctionner sous les yeux du public

Produit en 10 minutes de 500 gr. à 18 kg. de Glace, ou des Glaces, Sorbets etc., par un sel inoffensif

SE MÉFIER DES CONTREFAÇONS

J. SCHALLER rue Saint-Honoré, 332, Paris

Prospectus franco

PHARES & Projecteurs

POUR AUTOS

A. DENICH

144, rue St-Maur, PARIS - XIe

Envoi gratis du Catalogue N° 11

La boite LIN-TARIN 1 fr. 30

Préparation spéciale pour combattre avec succès Constipations, Coliques, Échauffements, Maladies du Foie et de la Vessie (Exigez la femme à 3 jambes.)

Une cuillerée à soupe matin et soir dans un quart de verre d'eau ou de lait.

Tout cycliste doit faire usage de LIN-TARIN

Marque de fabrique

POMMADE FONTAINE

Ses effets sont Merveilleux

contre les Dartres, Eczémas, Engelures, Hémorrhoïdes, Rougeurs de la Face, Inflammations des Paupières, Pellicules et Chute des Cheveux.

FRICTIONS LÉGÈRES CHAQUE SOIR

LE POT : 2 FRANCS

Franco, 2 fr. 15 en timbres-poste

SAVON FONTAINE

Excellent auxiliaire de la Pommade Fontaine

Le Savon, 2 fr. Franco 2 fr. 15 en timbres-poste.

TARIN, Pharm. de 1re classe, ex-interne des Hôpitaux.

Place des Petits-Pères, 9, Paris.

Se trouvent dans toutes les Pharmacies

III

FRANCE

Classée
par ordre alphabétique
des localités

Ajaccio

GRAND HOTEL ET CONTINENTAL

PLEIN MIDI

120 Chambres et Salons. — Chauffage central. — Bains. — Arrangements depuis 10 fr. par jour. — Grand parc et jardins. — *Hôtel de la Trémoille, Champs-Elysées*, même direction.

LAFOND, Propriétaire

Alais

GRAND HOTEL DU LUXEMBOURG ET DU LOUVRE

Place de la République

Le premier hôtel de la ville. — Confort moderne. — Électricité. — Téléphone. — Garage. — Cuisine très soignée. — *Depuis 8 fr. par jour.* — Omnibus à tous les trains.

DUCAILAR, Propriétaire

ALLEVARD-LES-BAINS (Isère)

Dans le Parc de l'Établissement thermal

SPLENDID HOTEL

Premier ordre — Confort Moderne — Ascenseur
Chauffage central — Électricité — Salles de Bains

Allevard

HOTEL DU LOUVRE

Restaurant. — Près de l'Établissement thermal et du Casino. — De premier ordre. — Entièrement transformé et remis à neuf. — Lumière électrique partout. — Installation sanitaire parfaite. — Immense parc. — Auto-garage. — Pension depuis 7 francs. — Correspondant du T. C. F. — Saison d'hiver : HOTEL DE L'EUROPE A HYÈRES.

Louis VALLET-ARNOLD, Propriétaire (Suisse).

Amélie-les-Bains (PYRÉNÉES-ORIENTALES)

THERMES ROMAINS

HOTEL DE PREMIER ORDRE

Entièrement remis à neuf. — Diplômé du T. C. F. — Bains sulfureux. — Douches. — Massage. — Etuve à désinfection. — Éclairage électrique. — Grand Parc. — Chalets. — Tennis. — *Garage.*

Amélie-les-Bains

HOTEL MARTINET

A 1 minute des Thermes

Vue magnifique sur le parc et la montagne. — Ancienne réputation. — Prix : 6 fr. par jour ; pension 5 fr. 50. — *Éclairage électrique.*

MARTINET

Annecy et son lac

GRAND HOTEL D'ANGLETERRE
ET
GRAND HOTEL RÉUNIS

PREMIER ORDRE. — *Électricité.* — Garage dans les jardins de l'hôtel — Chauffage moderne. — Hôtel des Postes et Crédit lyonnais attenant à l'hôtel. — *Succursales* aux gorges du Fier et sur les Bateaux du lac. — Arrangements pour séjour et pension.

M. VALLIN, Propriétaire

Annecy

GRAND HOTEL DU MONT-BLANC
DE PREMIER ORDRE

Entièrement neuf et à proximité du lac. — Médaillé du T. C. F. — Garage pour autos. — Pension depuis 8 fr.

A. MICHAUD, Propriétaire

Annecy

GRAND HOTEL VERDUN ET DE GENÈVE
Le seul en face du Lac

Premier ordre. — Lumière électrique. — Chauffage. — Grand garage pour automobiles dans l'hôtel. — Pension depuis 8 fr. 50.

BRUCHON, Propriétaire.

Antibes

GRAND-HOTEL

Place Macé à 300 mètres de la gare.

Vue splendide sur la mer et sur les montagnes. — Absolument neuf et pourvu de tout le confort moderne. — Ascenseur. — Electricité. — 100 chambres en plein midi. — Restaurant à la carte et à prix fixe. — Arrangements pour séjour de familles. — Spécialement recommandé pour sa bonne cuisine aux touristes qui visitent la région.

Directrice : Madame CHARON

Antibes (Le Cap)

GRAND HOTEL DU CAP

Premier ordre. — Grand parc de neuf hectares. — Vue splendide sur le Golfe, les Iles de Lérins, les Montagnes de l'Esterel. — 100 chambres et salons. — Ascenseur. — Electricité. — Chauffage central dans toutes les chambres. — Appartements avec salles de bains privées. — Garage avec fosse. — Autobus à la gare. — Cave et cuisine très soignées. — Prix très modérés. — Arrangements pour familles. — Saison d'été. — Etablissement hydrothérapique et Grand Hôtel à *Antorno* (Piémont). — A. BELLA, Propriétaire.

ARCACHON

(GIRONDE)

STATION HIVERNALE ET ESTIVALE

Située à **une heure de Bordeaux, à huit heures de Paris**, cette station jouit d'un climat tempéré et régulier; c'est un des rares points du monde où, dans une même journée, on n'éprouve pas de changement brusque de température. Arcachon est par excellence la station des convalescents.

En hiver comme en été, Arcachon offre des ressources uniques, ses forêts, son bassin merveilleux qui est sans égal au point de vue des régates et du tourisme nautique, de la pêche, de la chasse aux oiseaux de mer, qui abondent toute l'année.

Deux fois par semaine, chasses municipales avec équipage de premier ordre. Tous les étrangers sont admis à suivre à cheval, sans redevance.

Chasse aux sangliers en toute saison. Deux casinos complètent les attractions de la station : Cercle nautique et des sports, bals, représentations, concerts, golf, lawn-tennis, etc.; une mention spéciale pour le nouveau casino de la plage : d'une construction récente, c'est un palais moderne

Terrasse avec vue splendide sur la mer. La décoration magistrale et le confort de ce casino le placent au premier rang des établissements similaires.

Pour de *plus amples renseignements*, il convient de demander les brochures spéciales du *Syndicat d'initiative d'Arcachon*, qui les adresse *franco*.

Envoi franco de toutes brochures

Arcachon (Gironde) (*Suite*)

Mais on ne peut aller à Arcachon sans visiter Bordeaux. Cette ville offre aux touristes un très grand intérêt par son magnifique port, ses monuments de toutes les époques, si nombreux, si variés, ses musées remplis de toiles de grande valeur.

D'Arcachon à Bordeaux, on bénéficie par chemin de fer d'un tarif spécial très réduit.

La visite du département de la Gironde, organisée avec soin, révèle aux étrangers des richesses artistiques et historiques peu connues.

Il convient de s'adresser pour tous renseignements au *Syndicat d'Initiative de Bordeaux* (Place de la Comédie).

Arcachon

GRAND HÔTEL DES PINS ET CONTINENTAL

De tout premier ordre

Situation unique. — Grand jardin. — Salles de bains. — Calorifères. — Lumière électrique. — Ascenseur.

B. FERRAS, Propriétaire-Directeur

Arcachon

GRAND HOTEL DE FRANCE

Maison de premier ordre

Sur la plage, près le casino. — Magnifique vue du bassin. — Confort moderne. — Appartements pour l'hiver au midi. — Téléphone 132. — Garage. — *Prix modérés.*

Gustave GRENIER, Propriétaire

Arcachon

Grand Hôtel Regina-Forêt et d'Angleterre

Allée Corrigan. — Premier ordre. — Installation et confort modernes. — Situation exceptionnelle dans la forêt de pins. — Grand parc. — Arrangements pour séjour. — *Prix modérés.* — Salons. — Billard. — Lawn-Tennis. — Salle de bains. — Ascenseur. — Chauffage à vapeur. — Auto-Garage. — Omnibus à tous les trains. — Éclairage électrique.

Arcachon

HOTEL RESTAURANT JAMPY

Boulevard de la Plage, 268

Déjeuners : 3 fr. ; Dîners : 3 fr. 50 (*Vin compris*).

Pension du 1er octobre à fin juin : 8 francs, tout compris.

Pension du 1er juillet à fin septembre : 9 francs tout compris.

Arrangements pour séjour. — L. DURAN, Propriétaire.

Arcachon

VILLA RIQUET

Pension de famille ouverte toute l'année. — Magnifique situation en pleine forêt, près de l'église Notre-Dame. — *Hygiène parfaite.* — Confort moderne. — Cuisine très recommandée. — *Pension depuis 7 fr par jour.* — Mme LANNELUC, Propriétaire.

Arcachon

VILLA PEYRONNET

Maison de famille. — *Promenade des Anglais.* — La plus belle situation de la forêt. — Plein midi. — Parc. — Cure d'air. — Salle de Bains. — Cuisine très soignée. — Pension depuis 8 fr. et arrangements pour familles. — *On refuse tous malades contagieux.* — Mme GONY, Prop.

Arcachon

VILLA RAMEAU

Pension de famille, Avenue Victoria. — Situés dans les pins et peu éloignée de la mer. — Chambres très confortables. — Depuis 6 fr. par jour. — Arrangements pour familles et pour séjour prolongé.

Madame LESÈTRE, Propriétaire

Arcachon

LOCATION DE VILLAS

Agence spéciale de la ville d'hiver. — Villa Ducos. — Agence de la Plage, *244, boulevard de la Plage.* — Renseignements précis et gratuits. — Téléphone 42. — A.-J. DUCOS, Directeur-Propriétaire.

Moulleau-Arcachon

GRAND HOTEL

OUVERT TOUTE L'ANNÉE

Omnibus à tous les trains — Prix modérés

Argelès-Gazost

GRAND HOTEL DU PARC ET D'ANGLETERRE

Installation nouvelle — H. LASSUS, Propriétaire

De tout premier ordre, situation unique dans le vaste parc des Thermes. — Vue incomparable des quatre façades sur la montagne. — Grands salons, fumoir, billard, terrasse, restaurant. — Eclairage électrique. — Téléphone. — Garage. — Pension depuis 8 fr. — *Omnibus.*

Argelès-Gazost

HOTEL DE FRANCE

Ouvert toute l'année. — Vue merveilleuse des Pyrénées. — Premier ordre — Chauffage central. — Hydrothérapie. — Arrangements sanitaires. — Electricité. — Téléphone n° 4. — Lawn-Tennis et Golf, dépendant de l'hôtel. — J. PEYRAFITTE, Propriétaire.

Bagnères-de-Luchon

Grand Hôtel Richelieu, des Thermes et de Londres

De premier ordre. — Situation exceptionnelle en face des Thermes, du Parc, des Quinconces et à proximité du Casino. — Installation nouvelle avec tout le confort moderne. — Salles de bains. — Ascenseur électrique. — Garage. — Interprète. — *Omnibus à tous les trains.*

A. GIROIX, Propriétaire

Bagnères-de-Luchon

GRAND HOTEL D'ANGLETERRE

De premier ordre. — Situation exceptionnelle allées d'Étigny. — *Près du Casino et de l'Établissement.* — Appartements pour familles. — Beau parc. — Restaurant à la carte et à prix fixe. — *English spoken.* — *Se habla español.* — Omnibus. — Ouvert du 1er mai au 1er octobre.

SEGHIN, Propriétaire

Luchon

GRAND HOTEL DES BAINS

De premier ordre. — Allées d'Étigny, à 50 mètres des Thermes et des Quinconces. — Clientèle d'élite. — Spécialement recommandé aux familles. — Cuisine réputée. — Auto-garage.

MERENS-MIFFRE, Propriétaire

Luchon

HOTEL DE LA POSTE

Allées d'Étigny. — Premier ordre.

Ouvert toute l'année. — Grande réputation. — Confort moderne. — Arrangements sanitaires. — Terrasse. — Eclairage électrique. — Bains. — Téléphone. — Garage pour autos. — Pension depuis 9 fr. par jour. — PEYRAFITTE-SEGAIL, Propriétaire.

Luchon

MAISON DES QUINCONCES

Hôtel de famille. — De premier ordre. — Clientèle de choix. — Le mieux situé, en face les Thermes et le parc des Quinconces, près du Casino et de la Poste. — *Cuisine très soignée.* — Confort moderne.

DARBON, Directeur-Propriétaire

Bagnères-de-Luchon

GRAND HOTEL PARDEILLAN

GRAND PARC BEAU-SÉJOUR. — Allées d'Étigny.

Les plus beaux ombrages de Luchon. — Vue splendide sur le port de Vénasque. — Ouvert toute l'année. — Restaurant d'été dans le parc. — Grand confort. — Vaste garage. — Omnibus gare.

Mme Vve PARDEILLAN, Propriétaire

Bagnères-de-Luchon

GRANDS HOTELS CAVÉ ET D'EUROPE

12 et 30, Allées d'Étigny

Ouverts toute l'année.— Confortable moderne.— Cuisine de famille.— Électricité.— Arrangements sanitaires.— Cabinets de toilette, lavabos. — Restaurant : déjeuner, 2 fr. 50; dîner, 3 fr.; pension depuis 7 fr. — Garage pour autos. — B. CAVÉ, Propriétaire.

Luchon

GRAND HOTEL DE LA PAIX

Allées d'Étigny, près les Thermes, le Casino et la Poste.

Ouvert toute l'année. — Confort moderne. — Lumière électrique. — Service par petites tables. — *Restaurant* dans jardin d'été. — Véranda. — Petit déjeuner, 1 fr. Déjeuner, 3 fr. 50. Dîner, 4 fr., vin compris.— Pension de 9 à 12 fr. Petit déjeuner, service, éclairage, tout compris.— C. du T. C. F. et F. C. A. — Omnibus gare.

Adolphe CASTAING, Propriétaire

Luchon

GRAND HOTEL DE BORDEAUX

Allées d'Étigny, 15

Recommandé aux familles.— Grand confortable. — Table d'hôte. — Restaurant. — Grand jardin. — Eclairage électrique. — *Pension de 7 à 10 francs suivant chambre et étages.* — Omnibus gare.

ARRIEU, Propriétaire.

Luchon

HOTEL SORS

Avenue Carnot, près l'Eglise, à quatre minutes des Thermes et du Casino. — Confort moderne. — Electricité. — Garage. — Pension depuis 7 fr. 50. — Laiterie et voitures pour excursions.

Jean SORS, Propriétaire.

Bagnères-de-Luchon

AGENCE DE LOCATION

Location de Villas et d'Appartements

Renseignements gratuits. – Pension de famille.— Maison BONNETTE. — Merveilleuse situation, place du Casino, en face du port de Vénasque.— Cuisine très soignée. — Pension depuis 8 fr., sauf août.— Arrangements pour familles. — Latitude d'amener son personnel.

Écrire ou télégraphier : BONNETTE, Luchon.

Bandol

GRAND HOTEL BEAU-RIVAGE

Premier ordre. — Ouvert toute l'année. — Chambres T. C. F. — Électricité. — Hydrothérapie complète. — Bains de mer chauds et froids. — Garage à autos. — Jardins, etc. — Situation exceptionnelle au bord de la mer.— *Prix modérés pour familles.*— Omnibus aux trains.

GUBERNATIS, Propriétaire

(*Voir page de garde à la fin du volume*)

Biarritz

HOTEL RÉGINA

Situé sur le Plateau du Phare attenant aux terrains du Golf

Vue merveilleuse sur la mer et sur les montagnes. — Toutes les chambres en façade, soit sur la mer, soit sur le Golf. — Avec cabinet de toilette et salle de bains. — Bar, fumoir, billard. — Vastes salons de réception. — Au centre, grand jardin d'hiver. — *Restaurant à prix fixe et à la carte.*

Directeur : FERNAND JOURNEAU
de l'Hôtel du Palais à San-Sebastian (Espagne)

Biarritz

HOTEL CONTINENTAL

De premier ordre. — 200 chambres et salons sur la mer et au midi. — Téléphone. — Lumière électrique. — Salles de bains à chaque étage. — Chauffage central. — Ascenseur. — Garage pour autos. — Tennis. — Jardin. — *Prix modérés.* — Paul PEYTA, Propriétaire.

Biarritz

HOTEL DES PRINCES

Maison de premier rang, près de la poste et de l'église des Dominicains. — Recommandée aux familles pour son confortable. — *Cuisine et caves renommées.* — Ascenseur. — Téléphone. — Lumière électrique. — Arrangements pour familles. — Prix modérés. — E. COUZAIN, Prop^re.

Biarritz

HOTEL DU CASINO

OUVERT TOUTE L'ANNÉE. — Complètement remis à neuf. — Vue splendide. — Restaurant incomparable au bord de la mer. — Soupers, cuisine de premier ordre. — Cave exceptionnelle. — *Lumière électrique* dans toutes les chambres. — P. CAMPAGNE Fils, Propriétaire.

Biarritz

HOTEL DE FRANCE

Construction nouvelle. — Installation moderne. — Ascenseur. — Lumière électrique. — Calorifères. — Bains. — Téléphone. — Restaurant. — Tea-Room. — Billard. — Jardin. — Prix modérés. — *Modérate charges.* — Même propriétaire : Hôtel Saint-Étienne, à Bayonne.

Les clients peuvent prendre leurs repas soit à l'*Hôtel de France*, à Biarritz, soit à l'*Hôtel Saint-Étienne*, à Bayonne. — B. COMBES, Prop^re.

Biarritz

PAVILLON HENRI IV

Hôtel de premier ordre.

CONFORT MODERNE — VUE MAGNIFIQUE

M. SENERS, Propriétaire

Biarritz

HOTEL BIARRITZ-SALINS ET DES THERMES

Ce splendide établissement communique avec les Thermes salins par une passerelle couverte. Il est installé avec tout le confort moderne. — Restaurant. — Billard. — Ascenseur. — Chauffage central et dans les chambres. — Lawn-tennis. — Deux jardins bien ombragés. — *Station du tramway en face de l'hôtel.* — A 5 minutes de la Grande Plage. — *Prix modérés.* — A. MOUSSIÈRE, Propriétaire.

Biarritz

HOTEL CARRÉ

et Maison Carrée. — Au Rond Point, en face du jardin des Thermes salins. — Entièrement transformé et agrandi. — Dernier confort moderne. — Appartements complets pour familles, avec service particulier. — Tables d'hôte par petites tables. — Chauffage central. — Lumière électrique. — Bains. — Téléphone. — Ascenseur.

Henri VISPALY, Propriétaire.

Biarritz

PAVILLON LOUIS XIV

Thermes salins. — Hôtel entièrement transformé et agrandi avec tout le confort moderne. — Appartements complets avec service particulier. — Salles de bains. — Chauffage central. — Électricité. — *Téléphone [illegible].* — Ascenseur. — Cuisine très soignée. — Pension depuis 8 francs. — Arrangements pour familles. — Station de tramway en face l'hôtel. — J. LACOSTE, Propriétaire.

Biarritz

HOTEL PAVILLON ALPHONSE XIII

A 200 mètres de la plage et à 200 mètres des Thermes salins. — 50 chambres meublées à neuf et très confortables. — Salle à manger avec terrasse. — Vue sur la mer. — Chauffage central. — *Lumière électrique dans toutes les chambres.* — Grand jardin. — A. HUFFLING, Pre.

Biarritz

LES CHARDONS

Grande Villa moderne à la porte des Thermes Salins. — Mobilier entièrement neuf. — Pension de famille. — Tout le confort moderne. — Électricité. — Bains. — Téléphone. — Calorifère. — Service par petites tables. — Mme TETARD, Propriétaire.

Biarritz

J. SALZEDO Fils et Cie

BIARRITZ — BAYONNE — MADRID

Banque — Change de monnaies

L'AGENCE DE BIARRITZ S'OCCUPE

de locations de villas, d'achat et vente de propriétés.

Biarritz

AGENCE BENQUET

LOCATIONS DE VILLAS ET VENTES DE PROPRIÉTÉS

Première agence fondée en 1871

Gère les plus belles villas de Biarritz. — Journal l'Indicateur des Ventes et des Locations. — *Téléph. 0-91.* — Victor BENQUET, Biarritz.

Biarritz

AGENCE DE BIARRITZ

2, Rue Simon-Etcheverry (près de la Mairie)

Grand choix de villas, chalets, maisons, magasins et appartements meublés ou non.— Gérance d'immeubles.— Ventes, achats de terrains et de propriétés. Renseign. gratuits. Tél. 4-22. J.-B. LOUMIAN, Dr.

Blois

GRAND HOTEL DU CHATEAU

avec accès direct sur le château historique

Maison entièrement remise à neuf. — Confort moderne. — Chauffage central. — Salle de bains. — *Téléphone*. — Chambre noire. — Auto-garage avec fosse. — Cave et cuisine soignées. — *Omnibus à la gare.* — Voitures pour Chambord et les environs. — L. LECLERCQ, Propr.

Blois

GRAND HOTEL DE FRANCE

Premier ordre. — En face le château. — Belle situation. — Nouvellement construit. — Tout le confort (salle de bains, douches). fumoir, salon-lecture. — *Bonne tenue des chambres et cuisine recherchée.* — Très recommandé.— Prix modérés. — Garage. — *Tél. 23.* — English spoken.

Bordeaux

PRUNES D'ENTE J. FAU

Si vous voulez vous bien porter, ayez toujours sur votre table les excellentes prunes J. FAU.

Colis postaux de 3 à 10 kilogr., qualité extra-supérieure. Prix suivant grosseur du fruit.

Adresse télégraphique : Fau-Prunes-Bordeaux

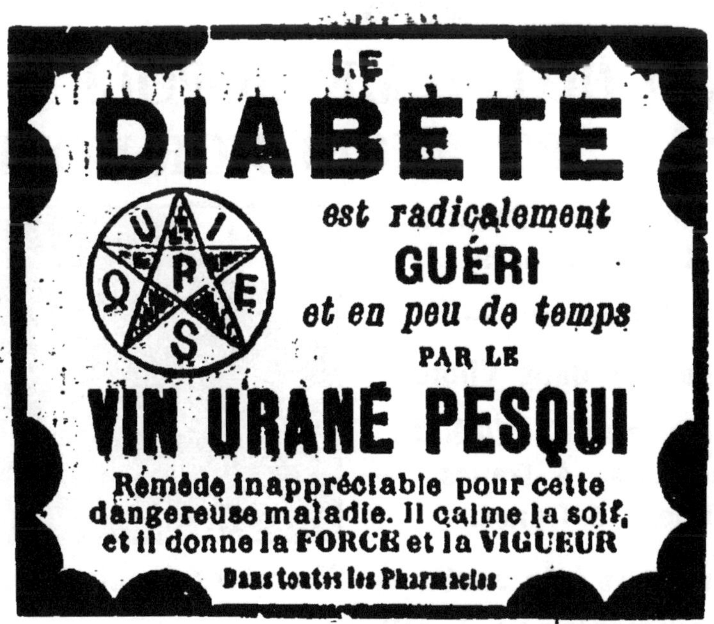

Bordeaux

GRAND HOTEL

HOTEL DE FRANCE ET DE NANTES

MAISON DE PREMIER ORDRE

Près du Grand-Théâtre, de la Bourse, de la Banque, de la Douane, de la Préfecture, du Jardin des Plantes.— Vue sur le Port, la place de la Comédie les allées de Tourny, les Quinconces. — Ascenseur. Téléphone. Calorifère, Éclairage électrique, Salons, Bibliothèque, Fumoir, Bains aux étages. — Restaurant à la carte ou à prix fixe. — Vins et cuisine renommés — Salons et 90 chambres depuis 3 fr. par jour. — Pension depuis 10 fr. par jour pour séjour prolongé. — Caves magnifiques contenant 80 000 bouteilles.— Veuve Louis PETER, propriétaire et négociant en vins, fournisseur de S. M. la reine d'Angleterre.

Bordeaux

Hotel des Princes et de la Paix et Richelieu

40, Cours du Chapeau-Rouge. 40

DE TOUT PREMIER ORDRE

Le mieux situé et el plus confortable

Cuisine très soignée. — Chauffage central à basse pression dans toutes les chambres. — Salons. — Fumoir. — Bibliothèque. — Bains. Ascenseur. — Éclairage électrique. — Coiffeur dans l'hôtel.

— *Téléphone* : 716 —

Bordeaux

GRAND HOTEL MÉTROPOLE ET EXCELSIOR-HOTEL

Près du Grand Théâtre et des Quinconces.

— Ascenseur —

Auto-garage dans l'hôtel

La meilleure cuisine du Midi.

— Déjeuners, 4 francs —

Dîners, 5 francs.

Restaurant à la carte. — Chambres depuis 3 fr. 50. — Arrangements pour familles.

A. ROUHETTE, Propriétaire.

Bordeaux

HOTEL DU PRINTEMPS

Restaurant. — En face de la cour d'arrivée de la gare Saint-Jean. — Entièrement transformé. — Electricité partout. — Chambres très confortables depuis 2 fr. — Salle de bains. — Déjeuner, 2 fr. 50; diner, 3 fr. — Service à la carte et à toute heure. — Vins fins des meilleurs crus. — Salon de musique. — A proximité des lignes de tramways. — Transport des bagages gratuit à l'aller et au retour. — *Téléphone*. — A. SAUVANT, Propriétaire.

Bordeaux

HOTEL DU FAISAN

Restaurant. — En face de la cour d'arrivée de la gare Saint-Jean. — *Entièrement transformé.* — Chambres très confortables depuis 2 fr. — Déjeuner, 2 fr. 50; diner, 3 fr. — Service à la carte et à toute heure. — Arrangements pour séjour. — Eclairage électrique. — Transport des bagages gratuit à l'aller et au retour. — Téléphone pour toute la France. Garage. — Fosse pour autos. — HAU-GUILHEM et LAMBERT, Propriétaires

---

Bordeaux

JARDIN-RESTAURANT BEELI

10, rue Voltaire (Intendance)

Déjeuner : 2 fr. (vin compris) Diner : 2 fr. (vin compris)

Les plus jolies salles de Bordeaux. — Service, cave et cuisine de premier ordre. — *Recommandé par le T. C. de France.*

Bordeaux

GRAND HOTEL DU CENTRE

RUE DU TEMPLE, 8 et 10 (Intendance). — Dans le plus beau quartier, près de la poste et des théâtres. — Appartements très confortables et chambres depuis 2 fr. — Service du petit déjeuner. — Electricité partout. — J. LOUSTAU, Propriétaire.

Bordeaux

Hôtel du Périgord et d'Orléans

Hôtel meublé pour familles et touristes. — Rue Mautrec, 9, 11, 13. — A une minute du Grand Théâtre et à 100 mètres de la Place de la Comédie. — *Entièrement restauré, agrandi* et meublé à neuf. — Chambres depuis 2 fr. — Salles de bains. — Electricité. — Téléphone.

VINCENT BOUEILH, Propriétaire

Eaux bicarbonatées, sodiques, gazeuses

DU BOULOU

Fournisseurs des Ministères de la Guerre, de la Marine, des Colonies

Maladies traitées avec succès par les EAUX DU BOULOU

Maladies de l'estomac, du foie, de l'intestin de la vessie, du paludisme chronique, du diabète, les longues convalescences, l'anémie

Établissement ouvert toute l'année. — Chapelle. — Chemin de fer.

La Bourboule

GRAND HOTEL DES AMBASSADEURS

Premier ordre. — Très recommandé pour sa cuisine spéciale suivant prescriptions des docteurs. — Conditions réduites en juin et en septembre. — Garage pour automobiles. — *Lumière électrique.* — Omnibus à tous les trains. — DUPEYRIX, Propriétaire

---

La Bourboule

GRAND HOTEL RICHELIEU

Premier ordre. — Le plus près des Thermes

Conditions spéciales pour Familles

Téléphone.— Électricité.— Ascenseur.— Interprète.— Garage et Fosses

A. C. A. et Correspondant du T. C. F.

PASSAVY-PANET, Propriétaire

La Bourboule

HOTEL DU PARC

Premier ordre. — Nouveaux agrandissements. — *Situation unique dans le Parc et près du Casino.* — Cuisine très soignée. — Service parfait. — Pension, chambre, déjeuner et dîner, depuis 8 fr. par jour, tout compris. — Arrangements pour familles avec enfants. — Electricité dans toutes les chambres.

Mme FAURE-FOURNIER, Propriétaire

La Bourboule

PALACE HOTEL ET VILLA MÉDICIS

Tout premier ordre. — Au centre de la station, près du Parc, des Thermes et du Casino. — Installation hygiénique modèle.— Chambres depuis 5 fr. — Pension par petites tables depuis 7 fr. — Sur demande table de régime. — Restaurant à la carte. — Cuisine renommée. — Prix réduits en juin et en septembre. — Chambre noire. — Eclairage électrique partout. — Téléphone. — Ascenseur. — Grand garage avec fosses, atelier de réparations et service de toilette.— Bains et douches. — Lawn-tennis attenant à l'hôtel. — Interprète. — Omnibus.

A. SENNEGY, Propriétaire

Cambo

VILLA MODERNE

HOTEL RESTAURANT

En face le Jardin public. — Situation exceptionnelle. — Superbe vue des Pyrénées. — Entièrement neuf. — Electricité. — Téléphone. Cuisine très recommandée. — Pension depuis 7 francs par jour et Arrangements pour familles. — Correspondant T. C. F.

L. DIMPRE, Propriétaire

Cannes

RIVIERA PALACE

HOTEL DU PRINCE DE GALLES

Position incomparable, tout premier ordre. — *Autobus de l'hôtel au Casino et au Golf-Club.*

Vve Henry de la BLANCHETAIS, Propriétaire

Cannes

HOTEL GONNET

BOULEVARD DE LA CROISETTE

Ouvert toute l'année. — Magnifiquement situé en face des Iles de Lérins. — *Premier ordre.* — Grand jardin. — Arrangements pour séjour. — F. DAUMAS, Propriétaire.

Cannes

HOTEL BEAU-RIVAGE

Maison de premier ordre sur la Croisette. — Magnifique vue de mer. — Plein midi. — Jardin d'hiver — Grand jardin. — Atrium. — Electricité. — Téléphone. — Ascenseur. — Interprètes.

HAINZL, Directeur

Cannes

HOTEL DES PINS

Premier ordre. — A proximité de l'église russe. — Abrité des vents par une forêt de pins. — Vaste jardin. — Téléphone. — Eclairage électrique. — Service spécial de voitures pour la promenade et la ville.

Cannes

GRAND HOTEL DE PROVENCE

Entièrement rénové été 1906

Confort moderne. — Grand parc. — Vue magnifique. — Appartements avec salle de bains. — Garage.

A. CHAMPENDAL, nouveau Propriétaire

Cannes

GRAND HOTEL DU PAVILLON

Premier ordre. — Tous les conforts. — Vue splendide. — Grand jardin. — Arrangements pour familles. — Pension. — Prix modérés. — P. BORGO, Propriétaire. — Même maison à Baveno. Lac Majeur. Ligne Simplon en été.

Cannes

HOTEL NEVA

RUE DE LA COLLINE

Vue sur la mer. — Plein midi. — Arrangements sanitaires. — Bains. — Electricité. — Grand jardin. — Lawn-tennis. — Cuisine recherchée. — Pension depuis 8 fr. par jour. — *Téléphone.*

J. Couttet, Prop. — Saison d'été : Central hôtel, Chamonix.

Cannes

GRAND HOTEL de la TERRASSE et RICHEMOND

Entièrement remis à neuf. — 120 chambres et salons. — Position centrale. — Plein midi, dans un vaste parc de 2 hectares. — Service soigné. — Pension depuis 8 fr. par jour. — Chauffage central à eau chaude dans toutes les chambres. — G. ECKHARDT, Propriétaire.

Cannes

HOTEL COSMOPOLITAIN

JARDIN AU MIDI — VUE DE LA MER

Appartements confortables. — Service et cuisine de premier ordre. — Pension depuis 8 *fr.* — *Ascenseur.* — Electricité. — Calorifère. — Bains. — Téléphone n° 291. — A. WEHRLÉ. Propriétaire.

Cannes

HOTEL RICHELIEU

Exposition en plein midi. — Sur la plage, en face de la poste. — Vue des îles et des montagnes de l'Estérel. — Pension depuis 8 fr. par jour, vin compris, et arrangements pour séjour prolongé. — *English spoken.* — A. CHABAUD-BIX, Propriétaire.

Cannes

TERMINUS-HOTEL

Ouvert toute l'année. — Situé (en ville) à 50 mètres de la gare et au midi. — Chambres confortables. — Journée depuis 8 fr. — Cuisine spécialement soignée. — Electricité. — Calorifère. — Salon de lecture. — Salle de bains. — Pas de frais d'omnibus. — P. GILLES, Propriétaire, *parle anglais et allemand.* — Annexe à l'hôtel : AMERICAN BAR 1er ordre. —

Mêmes maisons { Savoy-Hôtel, 1er ordre, *Cannes.*
Hôtel Terminus, Le Fayet-Saint-Gervais.

Cannes

HOTEL VICTORIA

Plein midi. — Grand jardin. — A 2 minutes de la mer. — Chambres très confortables. — Electricité partout. — Cuisine simple et soignée. — Tramway devant la porte. Ouvert toute l'année. — Pension depuis 9 fr. par jour. — English spoken. — Man spricht deutsch.

L.-W. PILATTE, Propriétaire

Cannes

HOTEL SUISSE

Entièrement meublé à neuf. — Situation centrale. — Plein midi. — Beau jardin abrité. — Ascenseur. — Lumière électrique. — Chauffage central. — Grandes chambres bien aérées. — Arrangements sanitaires. — Pension depuis 9 *fr.* — A. KELLER (Suisse), Propriétaire.

Cannes

HOTEL DE L'ESTEREL

ROUTE DE FRÉJUS

Situation exceptionnelle. — Plein midi. — Conditions hygiéniques irréprochables. — Installation neuve, chauffage à l'eau.

Cannes

SPLENDID HOTEL

Restaurant indépendant. — Cave renommée 1er ordre. — Sur la Croisette en face la jetée et le Casino. — Plein midi. — Vue superbe sur la mer et l'Esterel. — Entièrement remis à neuf. — Chauffage à eau chaude. — Ascenseur. — L'été : *Hôtel Villas Thévenin, Le Mont-Dore (Auvergne)*.

E. THÉVENIN, Propriétaire

Cannes

HOTEL DE LA PLAGE

Premier ordre. — Très bien situé sur la Croisette. — Vue splendide sur les îles de Lérins et les montagnes de l'Esterel. — Chauffage à eau chaude dans toutes les chambres. — Grand hall. — Lumière électrique. — Ascenseur. — Arrangements pour séjour. — Prix modérés.

L'ETE : *Hôtel de l'Observatoire à Saint-Cergues-sur-Nyon (Suisse)*

E. GIMPERT, Propriétaire

Cannes

SAVOY-HOTEL

Vue splendide sur le Golfe et les Iles de Lérins

PREMIER ORDRE

DERNIER CONFORT

Ascenseur. — Chauffage central

LAWN-TENNIS — TIR

Salle d'escrime. — Croquet

Auto-Garage

P. GILLES, Propriétaire

Cannes

HOTEL DE FRANCE

Ouvert d'octobre à juin

Plein midi. — A 10 min. de la mer. — Grand jardin. — Ascenseur hydraulique. — Eclairage électrique. — Salons. — Billard. — Salle de bains. — Appartements hauts et aérés. — Radiateur à eau chaude dans les chambres. — Pension depuis 9 fr. par jour.

En été : CENTRAL-HOTEL, à Vittel

Cannes

HOTEL DE PARIS

BOULEVARD D'ALSACE. — Entièrement remis à neuf. — Plein midi. — Chauffage central. — Electricité. — Jardin. — *Pension depuis 8 fr.* — *Maison spécialement recommandée.* — *L'été* : Hôtel de la Poste, à Vichy.

E. VERT, Propriétaire. — HOTEL DE L'UNIVERS, même maison.

Cannes

PENSION INTERNATIONALE

RUE DE LATOUR-MAUBOURG. — Près de la Croisette et des Bains de mer. — Remise à neuf. — Ouverte toute l'année. — Plein midi. — *Situation abritée des vents et poussières.* — Grand jardin. — Pension depuis 6 fr. par jour, tout compris. — *OMNIBUS.* — L. FRANK, Propriétaire.

CAUTERETS

THERMES DE CAUTERETS

et de la Vallée de Saint-Savin

Grand prix à l'Exposition Internationale de Bordeaux.
Médaille d'Or à l'Exposition de Rome.
Grand prix et Médaille d'Or à l'Exposition Internationale de Madrid 1907.

Station thermale sans rivale, la plus riche en sources sulfureuses.

Six buvettes renommées : 38° c. à 58° c. aux Griffons.

Dix établissements de premier ordre pour bains, douches, massages, pulvérisations à pression naturelle.

Piscines à eaux minérales courantes, uniques en Europe.

Casino, théâtre, concerts de jour sur les promenades.

Théâtre de la Nature. — Sports d'hiver.

Saison du 1er mai au 1er novembre.

Exportation : La Raillère, César, Mauhourat.

Spécialité d'action : Maladies des voies respiratoires, du nez et des oreilles, gastrite, gastralgie, rhumatisme, lymphatisme, neurasthénie, etc.

La station thermale de Cauterets doit sa grande et ancienne réputation à l'efficacité de ses eaux en boissons et en gargarismes, à leur action tonique et reconstituante.

Cauterets, jolie ville ensoleillée, avec ses beaux hôtels, ses dix établissements thermaux, son casino, son théâtre et ses superbes promenades, est située au fond d'une gorge étroite à 10 kil. de Pierrefitte. La route qui y conduit est des plus pittoresques; on la parcourt dans un tramway électrique élégant et commode, qui ne laisse en perdre aucune des beautés, et dont le trajet se fait en 45 minutes.

Aux améliorations réalisées pendant les années précédentes; au tramway électrique de Cauterets à la Raillère, inauguré en 1897, à la restauration du Casino, en 1898, se sont ajoutées les constructions d'un élégant café et d'un kiosque à musique, qui ont complété l'embellissement de l'Esplanade des Œufs, déjà pourvue d'un promenoir couvert en 1897. — *Pour tous renseignements, s'adresser au directeur de l'Exploitation, à Cauterets, Thermes des Œufs.*

Chamonix

HOTEL ROYAL ET DE SAUSSURE

Sur la place du monument de Saussure. — Maison de premier ordre, entièrement restaurée et remontée. — Appartements très confortables. — Restaurant. — Cuisine et cave soignées. — *Prix modérés.* — Arrangements depuis 9 fr. — Bains. — Lumière électrique. — Grand jardin. — Parc. — Observatoire. — Vue superbe sur le mont Blanc et sa chaîne. — Saison d'hiver. — COUTTET Frères, Propriétaires.

Chamonix

GRAND HOTEL COUTTET ET DU PARC

HOTEL-PENSION COUTTET, ouvert toute l'année. — De premier ordre. — Magnifique situation en face du mont Blanc et entouré d'un grand jardin. — *Lumière électrique.* — Ascenseur. — Chauffage central. — Bains. — *Téléphone.* — Chambre noire. — Garage pour autos. — Saison d'hiver : Patinage appartenant à l'hôtel.

COUTTET Frères, Propriétaires

Chamonix

GRAND HOTEL DE LA POSTE

Premier ordre. — Diplômé pour son installation hygiénique. — Lumière électrique partout. — Bains, douches. — Grand garage. — Téléphone n° 6. — Ascenseur. — Déjeuner fourchette, 3 fr. ; dîner table d'hôte, 4 fr. — 100 lits depuis 2 fr. 50. — Pension depuis 8 fr. — P. SIMOND, Propriétaire.

Chamonix

HOTEL CROIX-BLANCHE ET SIMOND

Ouvert toute l'année

Confort moderne. — Lumière électrique. — Chauffage central. — *Arrangements pour familles.* — Chambres depuis 2 fr. — Pension depuis 7 fr.

Ed. SIMOND, Propriétaire

Chamonix

CENTRAL HOTEL

De construction récente. — Très belle vue sur la chaîne du Mont-Blanc. — Confort moderne. — Lumière électrique. — Bains. — *Téléphone.* Arrangements depuis 7 fr. — Saison d'hiver : Hôtel Néva, Cannes.

FRANÇOIS COUTTET, Propriétaire

Chamonix

HOTEL DE L'EUROPE

PENSION COUTTET. — En face de la Poste. — Vue merveilleuse sur la chaîne du mont Blanc. — Grand confort. — Service soigné. — Bains. — Lumière électrique. — Garage pour autos. — Pension depuis 7 fr. — *On parle anglais et allemand.*

FRANÇOIS COUTTET, Propriétaire.

Chamonix

HOTEL BRISTOL

Vue splendide sur toute la chaîne du mont Blanc. — Chambres et appartements très confortables pour familles et touristes. — Jardin. — Electricité partout. — Cuisine recommandée. — Pension : chambre, petit déjeuner, déjeuner, dîner, vin compris, depuis 7 fr. par jour. — Arrangements pour familles. — *English spoken.* — *Man spricht deutsch.* — JOSEPH CLARET-TOURNIER, Propriétaire.

Chamonix

GRAND HOTEL VICTORIA & MODERNE

PREMIER ORDRE

Dernier confort. — Ascenseur. — Garage. — Prix de pension : depuis 8 fr. en juin ; 9 fr. en juillet ; 11 fr. en août ; 9 fr. en septembre.

Succursale de l'Hôtel Bristol à Naples et de l'Excelsior Palace Hôtel à Palerme.

Châtel-Guyon

CONTINENTAL-HOTEL

La plus belle situation

La plus salubre de la station

Cure d'air. — Attenant aux Nouveaux Thermes et au Théâtre. — Rendez-vous de la clientèle la plus sélect. — Restaurant de premier ordre à prix fixe et à la carte. — *Terrasses merveilleuses à l'ombre.* — Garage pour 20 voitures. — Fosse. — Electricité. — Téléphone. — Ascenseur. — Landaus, victorias. — *Omnibus à la gare.*

SELLIER, Propriétaire

Châtel-Guyon

GRAND-HOTEL

Premier ordre. — En face l'établissement thermal. — *Lumière électrique.* — Ascenseur. — Salles de bains. — Garage avec fosse et atelier de réparations.

A. HABERT, Propriétaire

Châtel-Guyon-les-Bains

HOTEL DES BRUYÈRES

ET RÉGENCE HOTEL

Maisons de famille — Premier ordre — Pension depuis 8 fr. par jour

E. SINET

Châtel-Guyon

VILLA DES HIRONDELLES

Hôtel-restaurant. — *Avenue Baraduc.* — Chambres confortables. — Cuisine de famille. — Tables de régime. — Eclairage électrique. — Jardin. — Pension depuis 7 fr.

HÉLAS, Propriétaire

Châtel-Guyon-les-Bains

GRAND HOTEL BARTHÉLEMY

Dans un vaste parc ombragé. — Vue splendide. Cure d'air. Altitude 400 mètres. — Installation toute moderne. — Lawn-tennis et Jeux divers. — Auto-garage. — Pension 8 fr., 10 fr., 12 fr. et 15 fr. — Arrangements spéciaux pour familles. — Service gratuit de voitures de l'hôtel aux Thermes.

BARTHÉLEMY-BITON, Propriétaire

Châtel-Guyon

HOTEL DES NATIONS

Correspondant du Touring-Club. — Pension de famille. — Cuisine de régime. — Vaste Jardin et terrasse. — Vue splendide. — Ameublement hygiénique, Lumière électrique, Garage. — *Prix très modérés, Arrangements pour familles.* — Omnibus gare de Riom. — *Téléphone.*

A. SAHUT, Propriétaire

Châtel-Guyon-les-Bains (Puy-de-Dôme)

HOTEL TERMINUS

Maison de famille. — Confort moderne. — Lumière électrique. — Terrasse et jardin ombragés. — Cuisine réputée et de régime. — Prix très modérés. — Arrangements pour familles. — *Omnibus à tous les trains, gare de Riom. — Téléphone.* — **DESMARET, Propriétaire.**

Châtel-Guyon-les-Bains

HOTEL-VILLA DE BOURGOGNE

Avenue Baraduc. — Premier ordre. — Situation centrale. — Pension de famille depuis 8 fr. — Régime rigoureusement observé. — Table d'hôte et service par petites tables. — Salon de lecture. — Fumoir. — Chambre noire. — Garage. — Jardin. — Jeux divers.

HABERT-DUBUET, Propriétaire

Châtel-Guyon

PRINTANIA-HOTEL

Vue splendide. — Cure d'air. — A proximité du Parc. — Service par petites tables et *tables de régime.* — Cuisine très soignée. — Bains. — Electricité. — Téléphone. — Jardin. — Pension depuis 7 fr.

BRANDIBAS, ROCHE, Propriétaires

Châtel-Guyon-les-Bains

HOTEL-VILLA BON ACCUEIL

AVENUE BARADUC, près les Thermes. — Maison confortable. — Cuisine soignée. — *Service par petites tables et tables de régime.* — Electricité. — Téléphone. — Jardin. — Pension depuis 7 fr. et arrangements pour familles. — **Mme FOULTIER-VINCENT, Propriétaire.**

Châtel-Guyon-les-Bains

AGENCE CHATEL-GUYON NICE

AVENUE BARADUC

Location de Villas et d'Appartements

Renseignements précis et immédiats

Mme ROUSSEL, Directrice

Cherbourg

HOTELS DE FRANCE ET DU COMMERCE RÉUNIS

41, RUE DU BASSIN

Le plus important de la région. — A proximité du port et des transatlantiques. — T. C. F. — Confort moderne. — A. C. F. — Salons de famille. — Salle de fêtes de 150 couverts. — Bains dans l'hôtel. — *Omnibus à tous les trains.* — Eclairage électrique. — *Téléphone n° 21.* — *English spoken.* — *Man spricht deutsch.*

Clermont-Ferrand

HOTEL DU MIDI

En face de la gare. — Entièrement restauré. — Confort moderne. — Restaurant. — Déjeuner 2 fr. 50 et 3 fr. — Dîner mêmes prix à la carte. — Chambres confortables de 2 à 4 fr. — Pension depuis 7 fr. 50, petit déjeuner du matin compris. — Transport des bagages gratuit.

CORNEAU, Propriétaire

Clermont-Ferrand

Pâtes d'Abricots, Fruits confits d'Auvergne

Maison GAILLARD — NOËL PRUNIÈRE

Médaille d'or, Diplôme d'honneur, Hors concours. — Brevets d'invention. — Pralines Salneuve de Randan. — *Expéditions pour tous pays*
Succursales : La Bourboule, sous l'Hôtel Richelieu; Le Mont-Dore sur le Parc en face le Casino; Saint-Nectaire, près la Poste.

CONTREXÉVILLE-PAVILLON

ABSOLUMENT INDIQUÉE

Régime des GOUTTEUX, GRAVELEUX, ARTHRITIQUES

CONTREXÉVILLE-PAVILLON

SAISON OUVERTE du 20 MAI au 20 SEPTEMBRE

BAINS et DOUCHES • CASINO et THÉATRE

GRAND HOTEL de l'ÉTABLISSEMENT (1er ORDRE)

CONTREXÉVILLE-PAVILLON

EAU DE TABLE PAR EXCELLENCE

des Arthritiques et Rhumatisants

Dijon

HOTEL DE LA CLOCHE

Place Darcy

150 chambres et salons
Ascenseur
Chauffage central

Bains
Lumière électrique
Garage et fosse

L. GORGES, Propriétaire, *successeur de E. GOISSET*

Dinan

HOTEL DE BRETAGNE

Place Duclos. — Grande terrasse. — Café. — Restaurant. — Cave et cuisine réputées. — Table d'hôte. — Auto-garage. — Salle de bains. — Douches. — Arrangements spéciaux pour pension. — *Téléphone 2-15.* — INTERPRÈTES.

Dinard

HOTEL BELLE-VUE

Entièrement neuf. — *En face le débarcadère.* — Le seul baigné par la mer. — Vue splendide et unique sur la baie, Saint-Malo, Saint-Servan et l'embouchure de la Rance. — Chambres et appartements très confortables. — Arrangements sanitaires parfaits. — Garage pour autos. — Pension depuis 8 fr. — J. RAGOT, Propriétaire

---

Dinard

HOTEL PENSION ÉDEN

Boulevard Féart. — Hôtel de famille. — Ouvert toute l'année. — Situation centrale, près la plage. — Grand confortable. — Cuisine soignée. — Electricité partout. — Grand jardin ombragé. — Saison balnéaire depuis 8 fr. — Arrangements pour familles et séjour. L'hiver depuis 5 fr. — Jacques GOUÉ, Propriétaire.

Dinard

VERS LA COTE D'ÉMERAUDE

DINARD, SAINT-ÉNOGAT
SAINT-LUNAIRE, SAINT-BRIAC, PARAMÉ

LOCATIONS DE VILLAS

Ventes, achats de terrains et de propriétés

Agences JOHN LE COCQ, Banquier

Jules BOUTIN, Dinard

Gavarnie (Hautes-Pyrénées)

1 350 mètres d'altitude

HOTEL DES VOYAGEURS

40 chambres et salons. — Électricité. — Télégraphe et téléphone. — Aménagé pour familles à demeure. — Avec jardins attenants. — Prix de pension : du 10 septembre au 20 juillet, 8 à 10 fr., tout compris; du 20 juillet au 10 septembre, 10 à 12 fr. — Ouvert toute l'année.

HOTEL DU POINT DE VUE DE LA CASCADE

1 360 mètres d'altitude. — Le plus merveilleux des sites pyrénéens. — Salle de restaurant et terrasse de 200 couverts, faisant face au cirque et à la grande cascade. — Installation absolument moderne et confortable, basée sur la méthode recommandée par le T. C. F.

PIERRE VERGEZ-BELLOU, Propriétaire des deux hôtels

Golfe Juan

AGENCE MARCEL

Location de Villas et Appartements meublés. — Gérance de propriétés. — Déménagements. — Escompte et recouvrements. — Contentieux. — Prêts hypothécaires. — Constructions à forfait payables par annuités. — English spoken. — Man spricht deutsch. — Si parla italiano. — *Téléphone 31.* — MARCEL, Directeur.

Granville

GRAND-HOTEL

De premier ordre, très recommandé. — Situation centrale, près de la plage. — Magnifique vue de mer. — Cuisine très soignée. — Garage et fosse. — Depuis 8 fr. 50, vin compris. — Omnibus gare et bateaux. — A. PASQUIER, Propriétaire.

Grasse

GRAND HOTEL VICTORIA

Entièrement neuf. — Premier ordre. — Plein midi. — Vue splendide. — Grand jardin. — Hydrothérapie complète. — Calorifère. — Garage pour autos. — Cuisine française très soignée. — Déjeuner, 4 fr.; dîner, 5 fr., vin non compris; petit déjeuner, 1 fr. 50. — Pension depuis 8 francs. — Arrangements pour familles. — Téléphone. — *Omnibus à tous les trains.* — MARENCO-SICARD, Propriétaire.

Grenoble

GRAND HOTEL MODERNE

INAUGURATION ÉTÉ 1902 — Place Grenette — Place Victor-Hugo

Établissement de 1er ordre répondant à toutes les exigences du grand confort moderne. — 200 chambres et salons. — Appartements indépendants pour familles. — Chambres Touring-Club. — Ascenseurs. — *Lumière électrique.* — Chauffage dans toutes les chambres. — Bains et douches. — Table d'hôte. — Restaurant de 1er ordre.

Prix modérés

Le Havre

HOTEL CONTINENTAL

De premier ordre. — Situation splendide sur les jetées et la mer. — Restaurant à la carte et à prix fixe. — Cuisine et cave renommées. — Chauffage central. — Salle de bains. — Garage gratuit pour autos. *Téléphone 2.26.— Omnibus à tous les trains.*— Prix modérés.—Ascenseur.

J. GIOAN, Propriétaire, ex-directeur du restaurant Frascati.

Le Havre

HOTEL D'ANGLETERRE

Rue de Paris, 124 et 126

De premier ordre. — Le plus près de l'Hôtel de Ville et de la poste. — Chauffage central. — Bains. — Electricité. — *Téléphone* 9.95. — Garage pour autos. — *Pension depuis 9 fr., vin compris et arrangements pour familles. — English spoken.* — Omnibus de l'Ouest.

THORIN, Propriétaire

Le Havre

GRAND HOTEL TERMINUS

23, Cours de la République, 23

(*En face la Gare-Départ*)

Entièrement neuf. — Premier ordre. — Téléphone 275. — Cuisine et cave recommandées. — Restaurant à la carte et à prix fixe. — Salle de bains. — Chauffage central. — Electricité. — Déjeuner, 2 fr. 50 ; Dîner, 3 fr., vin compris.

Pierre ASCHBACHER, Propriétaire

HENDAYE-PLAGE

BUT D'EXCURSION — CENTRE D'EXCURSIONS

ÉTÉ. — Magnifique Plage exposée au Nord — Mer et Montagne — Grande Digue Promenade — Cité-Jardin.

HIVER. — Conche exposée au Midi, abritée des vents d'Ouest Eau de Source, Egouts, Eclairage électrique

Terrains à vendre avec vue splendide

Grandes facilités de payement

Construction rapide et économique de Villas. Payables par annuités. — S'adresser à M. H. MARTINET, propriétaire du domaine de Hendaye-Plage, 129, rue du Faubourg-St-Honoré, Paris.
A M. DANTIN, agent général à Hendaye.

(*Voir page de garde à la fin du volume.*)

Hendaye

Gᴰ HOTEL DE LA PLAGE ET CONTINENTAL

De premier ordre. — Sur la plage. — Magnifique vue sur le cap Figuié, Fontarabie et les Pyrénées espagnoles. — Electricité. — Bains. — *Téléphone.* — Garage et fosse gratuits.

Clément BERDOU, Propriétaire.

Lyon

LE GRAND HOTEL

16, rue de la République.

Entièrement moderne. — Le restaurant du Grand-Hôtel est le rendez-vous de la meilleure Société. — J. DUFOUR, directeur.
Précédemment : Aix-les-Bains. Hôtel Régina-Bernascon

Lyon

GRAND NOUVEL HOTEL

Rue Grolée, 11

Maison de premier ordre, avec vue sur le Rhône. — Ascenseur. — *Téléphone*.— Électricité.— Chauffage central.— Arrangements sanitaires.

Lyon

GRAND HOTEL DU GLOBE

Rue Gasparin, 21 (pl. Bellecour).

Ancienne réputation. — Complètement remis à neuf et pourvu de tout le confort moderne. — Ascenseur. — Lumière électrique et chauffage à eau chaude dans toutes les chambres. — Journées depuis 8 fr. 50 et arrangements pour familles. — Téléphone 1-52. — *English spoken*. — *Man spricht deutsch*. — O. GIRARD, Propriétaire.

Lyon

GRAND HOTEL DES BEAUX-ARTS

Rue de l'Hôtel-de-Ville, 75.

Ascenseur.— *Téléphone 4-75*.— Salle de bains et douches.— Chauffage central à vapeur. — *Maison restaurée avec tout le confort moderne.*

Lyon

HOTEL D'ANGLETERRE

Place Carnot 21 et 22

De premier ordre. — Entièrement remis à neuf. — Chauffage central. — Electricité. — Arrangements sanitaires. — Ascenseur. — Grand garage avec fosse et atelier de réparations. — Pension depuis 9 fr. — Arrangements pour familles. — Recommandé par le T. C. F. — English spoken. — Man spricht deutsch. — Si parla italiano.

E. VRAY, Propriétaire.

Mâcon

GRAND HOTEL DE FRANCE

ET DES ÉTRANGERS

Hôtel de premier ordre, à la sortie de la gare, le plus fréquenté par les familles et les touristes. — *Garçon de l'hôtel à tous les trains, pour les bagages*. — Garage et essence pour automobiles. — Salon de lecture. — Café. — *Excellente cuisine*.— M. DUPANLOUP, Propriétaire.

Monte-Carlo

Gd HOTEL HARTER et MÉDITERRANÉE

Hôtel de premier ordre, près de la gare, du Casino et des jardins publics. — Vue superbe sur la mer et les montagnes. — Chauffage central. — Ascenseur. — Bains. — Lumière électrique. — Prix modérés.

C. HARTER, Propriétaire

Monte-Carlo

GRAND HOTEL VICTORIA

Premier ordre.

Entièrement remis à neuf, avec tout le confort moderne. — Plein midi. — Grand hall. — Appartements particuliers avec salle de bains.

Veuve E. REY, Propriétaire.

Monte-Carlo

HOTEL ET RESTAURANT DU HELDER

Maison de premier ordre

Situation splendide. — Plein midi. — A proximité du Casino. — 100 chambres et salons. — Salles de bains. — Ascenseur. — Eclairage électrique. — Arrangements pour séjour et prix modérés.

BREMOND Albert, Propriétaire

Monte-Carlo

GRAND HOTEL DU PRINCE DE GALLES

Maison de premier ordre, réunissant tout le confort moderne, situé à 2 minutes du Casino, en plein midi et dominant Monte-Carlo, La Condamine, Monaco et la mer. — Ascenseurs. — Lumière électrique. — Appartements avec salle de bains. — Veuve D. REY, Propriétaire.

Monte-Carlo

NOUVEL HOTEL DU LOUVRE

Ouvert toute l'année

Près du Casino. — Vue splendide sur mer et montagne. — Spécialement recommandé aux familles. — Confort moderne — Ascenseur. — Chauffage central. — Téléphone, etc. — Prix consciencieux. — *English spoken*. — *Man spricht deutsch*.

J. BOURBONNAIS, Propriétaire

Mont-Dore

HOTEL SARCIRON-RAINALDY

Le plus important de la station. — Réputation ancienne. — Grand confort hygiénique. — Villa Chabaury aîné, Villa des Clauzels et Chalets des Pics, maisons d'air à 1 100 mètres, avec parc, lawn-tennis et jeux divers. — Ascenseurs. — Electricité. — Téléphone. — Interprètes. — Vaste garage avec fosse et atelier de réparations. — Automobile à la gare à tous les trains.

Écrire à M. **SARCIRON-RAINALDY**, Propriétaire-Directeur.

Mont-Dore

NOUVEL HOTEL ET GRAND HOTEL DE LA POSTE

Maisons de premier ordre situées en face de l'Etablissement. — Chalets, villas pour familles. — Parc. — Lawn-tennis. — Jeux divers. — Téléphone. — Lumière électrique. — Ascenseur. — Lift. — Garages. — Interprètes pour toutes langues. — **G. BELLON**, Prop.-Directeur.

Mont-Dore

GRANDS HOTELS DE PARIS ET DU PARC

En face des Thermes et sur le parc. — Ascenseur. — Téléphone. — Lumière électrique dans toutes les chambres. — Installation hygiénique. — Villas dans le parc, chalets dans la montagne. — Lawn-tennis. — Garage pour bicyclettes et autos. — *English spoken.* — Prix modérés.

Léon **CHABORY**, Propriétaire, membre du *Touring-Club*.

Mont-Dore-les-Bains

INTERNATIONAL PALACE

PREMIER ORDRE. — SITUATION UNIQUE

Parc 14000 mètres. — 200 chambres hygiéniques, avec vastes cabinets de toilette, et vue sur le parc et les montagnes. — Lavabos à eau courante. — Appartements complets pour famille avec toilette. — Salles de bains. — Electricité. — Téléphone. — Ascenseur. — Vaste garage avec fosse. — **VEYSSEYRE**, Propriétaire-Directeur

---

Mont-Dore

HOTEL RAMADE AINÉ

1er ORDRE — GRAND CONFORTABLE

Le plus près de l'Etablissement thermal. — Appartements hygiéniques. — Excellente cuisine. — Pension, vin compris, depuis 9 fr. — Arrangements pour familles avec enfants. — *Garage pour automobiles.* — Lumière électrique. — Omnibus à tous les trains.

RAMADE aîné, Propriétaire.

Mont-Dore

GRAND HOTEL DU NORD
ET HOTEL DE LONDRES

Sur le parc et les établissements. — Grand confortable. — Chambres hygiéniques. — Electricité. — Garage et fosse. — Cuisine recommandée. — Pension de 8 à 11 fr. — Omnibus gare.

E. AGNELY, Propriétaire

Néris

GRAND HOTEL DUMOULIN

DE TOUT PREMIER ORDRE

EN FACE DES THERMES

Villas pour familles

Garage pour autos - Électricité

Omnibus à tous les trains

Néris-les-Bains

GRAND HOTEL DE PARIS

Premier ordre. — En face l'Etablissement thermal. — Pavillon et villa séparés de l'hôtel en face du Parc. — Excellente cuisine sous la direction du propriétaire. — **Arrangements pour familles depuis 8 fr.** — Garage pour autos. — *Omnibus à tous les trains.*

LASSALAS, Propriétaire

Néris-les-Bains

GRAND HOTEL DE LA PROMENADE

DE TOUT PREMIER ORDRE

Spécialement aménagé avec tout le confort moderne. — Cuisine sans rivale. — Caves de premier ordre. — Tennis. — Garage pour autos. — Omnibus à la gare. — Parc des Rivalles « *annexe de l'hôtel* ». — Cure d'air. — Splendide propriété de 4 hectares. — Villas et pavillons meublés.

Néris-les-Bains

GRANDS HOTELS ROCHETTE ET DE FRANCE

MAISON DE PREMIER ORDRE

Sur le Parc, en face de l'Etablissement thermal. — Vaste jardin d'agrément. — Villas indépendantes. — Table d'hôte et service par petites tables. — Cuisine très soignée sous la direction du propriétaire. — Omnibus à tous les trains à la gare du Chamblet-Néris. — Auto-garage. Fosse. — Electricité partout. — *Téléphone n° 3.*

PRÉVOST, Propriétaire

Néris-les-Bains

GRAND HOTEL DU JARDIN

PREMIER ORDRE

Très belle situation sur le parc de l'Établissement thermal et du Casino. — Confort moderne. — Lumière électrique dans toutes les chambres. — Téléphone. — Excellente table sous la direction du propriétaire, chef de cuisine. — Arrangements pour familles depuis 8 fr. — Jardin attenant à l'hôtel avec vaste garage et fosse. — Omnibus à tous les trains. — **J. AUTISSIER**, Propriétaire.

Nice

HOTEL GALLIA

RUE DE LA PAIX

OUVERTURE NOVEMBRE 1900

Pension complète avec chambre. depuis 8 fr. par jour

1er ORDRE

ASCENSEUR

PLEIN MIDI

JARDIN

140 chambres et salons avec tout le confort moderne et entièrement éclairés à la lumière électrique. — Chauffage central dans les chambres. — Arrangements sanitaires parfaits. — Salles de bains à chaque étage. — Billards. — Fumoir. — Magnifiques salons. — *Table d'hôte par petites tables et restaurant à la carte.* — Garage pour automobiles et bicyclettes. — **G. FORTEPAULE**, Propriétaire.

L'ÉTÉ : GRAND HÔTEL DE LA TERRASSE, A TROUVILLE-DEAUVILLE

Nice

TERMINUS HOTEL

Maison de premier ordre située en face de la gare

Ouverte toute l'année. — Confort moderne

HENRI MORLOCK, nouveau Propriétaire

Nice

HOTEL DE SUÈDE EX-ROUBION

36, AVENUE DE BEAULIEU, 36

Premier ordre. — Jardin. — Plein midi. — *Ascenseur et lumière électriques.* — Chauffage central dans chaque chambre.

HENRI MORLOCK, Propriétaire

Nice

HOTEL DE BERNE

EN FACE DE LA GARE

Ouvert toute l'année. — Prix modérés

N. B. — Le transport des bagages est gratuit.

HENRI MORLOCK, Propriétaire

Nice

HOTEL-PENSION SUISSE

Maison suisse renommée. — Premier ordre. — Situation magnifique sur le bord de la mer. — Vue splendide. — Jardin. — Arrangements sanitaires. — Bains. — Calorifère. — Téléphone. — *Lumière électrique*. — Ascenseur. — Arrangements pour familles, depuis 9 fr. — Chauffage central partout. — **J.-P. HUG**, Propriétaire.

Nice

HOTEL NATIONAL

PRÈS DE LA GARE

Chauffage central. — Ascenseur. — Électricité.
Pension depuis **10** francs. — Service par tables séparées.
A. GUILLIER, Propriétaire
L'HOTEL EST OUVERT TOUTE L'ANNÉE

Nice

GRANDE PENSION DE FRANCE

Rue de France, 35, près de la promenade des Anglais. — Premier ordre. — Plein midi. — Grand jardin. — Bains. — Lumière électrique. — Chauffage central. — Cuisine très soignée. — Pension de 7 à 12 fr. — *English spoken. Man spricht deutsch.* — Auto-garage gratuit. — Ascenseur.

Nice

Hôtel du Tzaréwitch

Boulevard du Tzaréwitch

Chauffage central dans toutes les chambres

Vue sur la mer. Prix très modérés.

A cinq minutes du centre, par le tramway.
Entièrement meublé à neuf. — Situation hygiénique parfaite.
Parc privé de 22 000 mètres. — Eau de source sur la Propriété.
Garage pour autos. — Panorama idéal.

S. LE BROCQ, Propriétaire

Nice

Hôtel-Restaurant MONT-FLEURI

OUVERT TOUTE L'ANNÉE

39, rue Pastorelli, près la Poste. — Recommandé à MM. les voyageurs et touristes. — Confort. — Prix modérés.

J. GONTARD, Propriétaire

Nice

CH. JOUGLA

ADMINISTRATEUR D'IMMEUBLES, RUE GIOFFREDO, 55 (place Masséna)

Location de villas et d'appartements d'ordre exceptionnel. — Propriétés à vendre à Nice et sur le littoral. — Renseignements précis et gratuits aux lecteurs des *Guides Joanne*. — La plus ancienne agence et la mieux réputée.

Adresse télégraphique : CHARLES JOUGLA-NICE

Nice

JOUGLA Fils et PAYEN

47, Avenue de la Gare (Immeuble du *Petit Niçois*). — Location de villas et d'appartements meublés ou non. — Vente et achat de propriétés à Nice et sur le littoral (*Grand choix*). — *Administration* d'immeubles. — Renseignements sérieux et gratuits. — JOUGLA Fils et PAYEN.

Nice

AGENCE E. CAMOIN

21, avenue de la Gare, 21

Location de villas et appartements. — Vente de villas, terrains, propriétés. — Correspondants dans toutes les grandes villes. — Téléphone 3-82. — *English spoken.* — *Man spricht deutsch.*

Nice

AGENCE COSMOPOLITE

17, RUE DE L'HOTEL-DES-POSTES

Fondée en 1890 et reprise par son fondateur J. BERRUT et Cie *depuis octobre 1908*

Location de villas et appartements meublés ou non

Vente de propriétés et de fonds de commerce

Cabinet spécial d'architecture

PLANS ET DEVIS

PRÊTS HYPOTHÉCAIRES

Téléphone : 4.58 — J. BERRUT et Cie

Orléans

GRAND HOTEL D'ORLÉANS

Rue Banier

Situation centrale près des grandes promenades et de la cathédrale. — Chambres et appartements confortables pour familles et touristes. — Cuisine très soignée, depuis 8 fr. par jour, vin compris. — *Eclairage électrique.* — Garage pour autos. — Expédition de pâtés d'alouettes. — **FORTIN**, Prop[re].

Orléans

HOTEL DE LA BOULE D'OR

Au centre de la ville. — Entièrement remis à neuf, avec tout le confort moderne. — Electricité. — Téléphone. — Hydrothéraphie. — Chauffage central. — Appartements et salons pour famille. — Service à la carte et table d'hôte. — Omnibus. — Auto-garage avec fosse, 30 voitures. — English spoken. — Man spricht deutsch. — **E. AUDEBERT**, Prop[re].

Paramé

BRISTOL PALACE HOTEL

Créé en 1900

De tout premier ordre. — *Sur la plage, accès direct.* — Grand confort. — Pension depuis 10 fr. par jour.

HOTEL DE LA PLAGE (Annexe du Bristol). — *Même situation.* — Pension depuis 8 fr. par jour.

J.-C. GALLET, Propriétaire

Paramé

Hôtel de France et Villa Colbert

Tout près de la plage

80 chambres très bien meublées, plusieurs avec vue sur la mer, à proximité de la station des tramways Saint-Malo, Rothéneuf et Cancale. — Hôtel et pension de famille, renommés par leur bonne tenue, table et confort. — Garage pour bicyclettes et autos. — Prix très modérés : 6 à 8 fr. avril, mai, juin et septembre. — 8 à 12 fr. juillet et août. — Grands arrangements pour longs séjours et familles nombreuses.

Paramé

AGENCE GÉNÉRALE

CARREFOUR DE ROCHEBONNE

G. BAZANTAY, successeur de MM. Hollain et Esnault. — Location de villas et appartements à Paramé, Rothéneuf, Saint-Malo, Saint-Servan, Dinard et la région. — Vente et achat de propriétés, villas, terrains, fonds de commerce. — Bureau ouvert toute l'année. — Renseignements gratuits.

G. BAZANTAY, directeur. — Téléphone 0.07

Pau

HOTEL DU MIDI et MAISON DORÉE RÉUNIS

Cuisine, cave et service de 1er ordre. — Salle de bains. — Electricité. — Téléphone. — *Genre Duval, seul à Pau.* — *Repas à 2 fr.* — *Journée depuis 6 fr.* — Le tramway de la gare descend les voyageurs devant l'hôtel — Charles GROS, Propriétaire.

Pau

GRAND HOTEL DU COMMERCE

Rue de la Préfecture, 9.

Situation centrale, près de la Place Royale et du Palais d'Hiver. — Entièrement remis à neuf. — Confort moderne. — Electricité. — Téléphone. — Garage. — Cuisine et cave recommandées. — Pension depuis 8 francs. Omnibus gare.

LACOUETTE, Propriétaire, ancien chef de l'Hôtel de France.

Pau

L.-O. SARRADET

12, rue Taylor, 12

La plus ancienne agence de location de villas et d'appartements. — Vente d'immeubles et de propriétés. — Fondée en 1847. — Renseignements prompts et précis. — Répertoires complets.

Pau

CENTRAL OFFICE

BOURDILA, Directeur — Rue Gambetta, 2. — Près de la Poste et de la Société Générale. — Membre fondateur du Syndicat des hommes d'affaires de France. — Villas et appartements à louer. — Propriétés et immeubles à vendre. — Agence de location la plus centrale et la plus avantageusement connue. — Renseignements exacts et gratuits. — *Télégr.* : BOURDILA-PAU.

Pau

AGENCE PYRÉNÉENNE

PLACE DE LA HALLE, 6, près de la Préfecture

Location d'appartements et de villas meublés ou non meublés à Pau et dans la région pyrénéenne. — Vente et achat d'immeubles de toute nature. — Liste et renseignements. — P. BARRÈRE.

Pau

AGENCE IMMOBILIÈRE

J. AUBERT — A. MAULAND, succ[r], *Directeur*

Square de l'Eglise St-Martin — rue Adoue, 6, près le boul. des Pyrénées

Succursale : rue Henri IV, 2, près la place Royale

Téléphone 0.93 — English spoken

La *principale* et la *meilleure agence*, spécialement recommandée pour la

LOCATION de VILLAS et APPARTEMENTS

Meublés et non meublés

et la **VENTE des IMMEUBLES et PROPRIÉTÉS** de toutes natures

La seule agence s'occupant de l'installation complète de MM. les étrangers. — Nombreuses références. — Correspondants France et Étranger. — Renseignements gratuits.

Perpignan

GRAND HOTEL

Quai Sadi-Carnot, près de la Préfecture et de la Poste. De tout premier ordre. — Hall superbe. — Ascenseur. — Bains. — Téléphone. — Electricité partout. — Arrangements sanitaires parfaits.

Cuisine et cave spécialement recommandées. — Prix modérés.

Eugène CASTEL, Propriétaire.

Royan-Saint-Georges-de-Didonne

GRAND HOTEL DE L'OCÉAN

Sur la Plage. - Ouvert toute l'année. — Chambres confortables. — Table d'hôte. — Restaurant. — Cuisine très soignée. — *Pension depuis 7 fr. par jour, vin, petit déjeuner, service tout compris et arrangements pour familles.* — Garage pour autos. — *Agence de location.* — Omnibus à tous les trains. — **A. LAGAGE, Propriétaire.**

Royan

AGENCE DEVEAUD

31, rue Gambetta, 31. — Location de villas et d'appartements. Pour *l'été* à *Saint-Georges-de-Didonne, Royan, Pontaillac et Le Bureau-Saint-Palais.* — Grand choix. — Pour *l'hiver* au *Parc* et à *L'Oasis.* — Ventes et achats d'immeubles. — Renseignements gratuits aux clients des Guides Joanne. — Téléphone 0.23

Royat-les-Bains

GRAND-HOTEL

Le plus important, situé près de l'Établissement. — Vaste parc. — Salles de Bains privées. — *Ascenseur.*

Perfect sanitary arrangements. — SERVANT, Propriét.

Royat-les-Bains

CASTEL-HOTEL

Ouvert du 15 mai au 15 octobre — Maison de premier ordre, attenant au Parc de l'Etablissement. — Table d'hôte et salle de restaurant. — Lumière électrique. — Téléphone. — Ascenseur. — Garage. — Pension en juin et septembre depuis 9 francs. — Arrangements pour familles.

HERPIN. Propriétaire

Royat

GRAND HOTEL DE LYON

Dans la plus belle situation, avec tout le confort moderne. — *Vue splendide sur toute la vallée.* — Hall. — Salle de bains. — Electricité. — Terrasse. — Jardin. — Garage. — *Pension depuis 8 fr, et réduction de 10 0/0 aux clients des Guides Joanne* qui avertissent de leur arrivée. — Téléphone 0.12. — **DELAVAL. Propriétaire**

Royat

HOTEL VICTORIA ET DE NICE

Près de l'Établissement. — Vue sur le Parc. — Recommandé aux familles pour son grand confortable et sa cuisine très soignée. — *Prix depuis 7 fr 50 par jour, tout compris même le petit déjeuner du matin.* — Arrangements pour familles avec enfants. — **GIDON-HUGUET, Propriétaire.**

Royat

HOTEL DE LA PAIX

Près des Bains. — Deux façades bien exposées, l'une sur le boulevard Bazin, l'autre sur le vaste jardin ombragé de l'hôtel. — Maison de famille se recommande par sa cuisine soignée et ses vins de premier choix provenant des propriétés de la maison. — Pension de 6 à 9 fr. par jour. — Restaurant. — Téléphone 1-23

Dirigé par Madame **PRADET**, Propriétaire

Saint-Malo

Grand Hôtel de France et de Chateaubriand

Place Chateaubriand, à l'entrée de la plage.

Ouvert du 1er avril à fin octobre. — Vue sur la mer. — De tout premier ordre. — Exclusivement fréquenté par les familles soucieuses du bien-être et de la bonne tenue. — 135 chambres. — Salles de bains. — Eclairage électrique. — Installation sanitaire. — Bains. — Chambre noire. — Interprète. — Auto-garage A. C. F., C. T. C. — Prix de pension : 10 à 15 fr. — Même direction : Restaurant Continental, ouvert seulement en juillet, août et septembre. — En face l'entrée de la plage. — Service à la carte du 1er ordre.

Saint-Malo

GRAND HOTEL FRANKLIN

LE SEUL FACE A LA MER

Grand confort moderne. — *Téléphone 1.14.* — Salles de bains. — Electricité. — Auto-garage, fosses, outillage complet. — *Prix très modérés* avant et après saison. — Ouvert du 1er avril au 30 septembre.

Saint-Malo

GRAND HOTEL DU CENTRE ET DE LA PAIX

Rue Saint-Thomas, 6 (près la plage). — Ouvert toute l'année. — Très confortables comme chambres et appartements. — Spécialement recommandé pour sa fine cuisine. — Prix, depuis 8 fr. 50, et arrangements pour familles et pour séjour. — Correspondant du T.C.F. — *Omnibus à la gare.* — PORTIER, Propriétaire.

Saint-Malo

LOCATIONS DE VILLAS

Avant d'aller sur la Côte d'Emeraude, Saint-Malo, Paramé, Rothéneuf, etc. demander gratis et franco le *Guide et plans de l'Agence Cooper Meese.* Bureau à la station du tram, Casino de Paramé.

Téléphone : 1-48 St-Malo. — Achats et ventes de terrains et propriétés.

Saint-Raphaël

GRAND HOTEL BEAURIVAGE

BRUNET, propriétaire

AU BORD DE LA MER — CONFORT MODERNE

Chauffage central, Bains, etc.

GARAGE ET FOSSE POUR AUTOMOBILES

Cuisine française et cave recommandées

SAINT-NECTAIRE

Réseau P.-L.-M., gare d'Issoire (Puy-de-Dôme)

Guérison de l'ALBUMINURIE

Service automobile
entre ISSOIRE et Saint-Nectaire

Organisé par la **Société des Eaux thermales de Saint-Nectaire**, propriétaire de tous les *Établissements thermaux* et *sources* les alimentant : **Mont-Cornadore, Bains Romains, Grand Établissement des Thermes.**

Confortables hôtels du Mont-Cornadore et du Parc
Villas et Pavillons, Casino, Parc, Tennis, etc.

EXCURSIONS NOMBREUSES

Pour tous renseignements : *Eaux en bouteilles*, conditions de traitement des ALBUMINURIQUES à la Station, location de villas et appartements, s'adresser à *M. le Directeur des Établissements Thermaux*, à SAINT-NECTAIRE (P.-de-D.)

Saison du 15 mai au 30 septembre

SALIES-DE-BÉARN

Basses-Pyrénées. — Chemin de fer de Puyoo à Mauléon. — Établissement ouvert toute l'année. — Chauffé pendant la saison d'hiver. — Médaille d'or, Exposition universelle de 1889. — Climat analogue à celui de Pau, modéré et particulièrement sédatif.

BAINS CHLORURÉS SODIQUES, BROMO-IODURÉS

Minéralisation très forte ; les plus riches en chlorure de sodium, de magnésium, en bromures et en iodures

Hygiène de l'enfance, scrofule, lymphatisme, anémie, rachitisme, carie des côtes, tumeurs, engorgements ganglionnaires, typhus scrofuleux, maladies particulières aux dames, rhumatismes et certains cas de paralysie, etc.

Bains pour prendre chez soi — Bains d'eaux mères en flacons
Eaux mères pour compresses et pour toilette
Eaux mères en fûts et en bonbonnes

S'ADRESSER A L'ÉTABLISSEMENT THERMAL

Les bains d'eaux mères sont reconstituants, stimulants, toniques et résolutifs à un très haut degré.
Les eaux mères pour compresses sont éminemment résolutives pour les engorgements, etc., etc.

LA STATION HYDRO-MINÉRALE

SERMAIZE-SARRAZINS (Marne)

A 4 heures de Paris. En raison de son installation moderne et complète d'hydrothérapie et d'électrothérapie, grâce aux principes minéraux de son eau (sulfate de soude, de magnésie, sels de chaux) *traite avec succès toutes les affections chroniques du tube digestif et des voies urinaires, — estomac, intestin, constipation, foie, coliques hépatiques, gravelle, etc.*

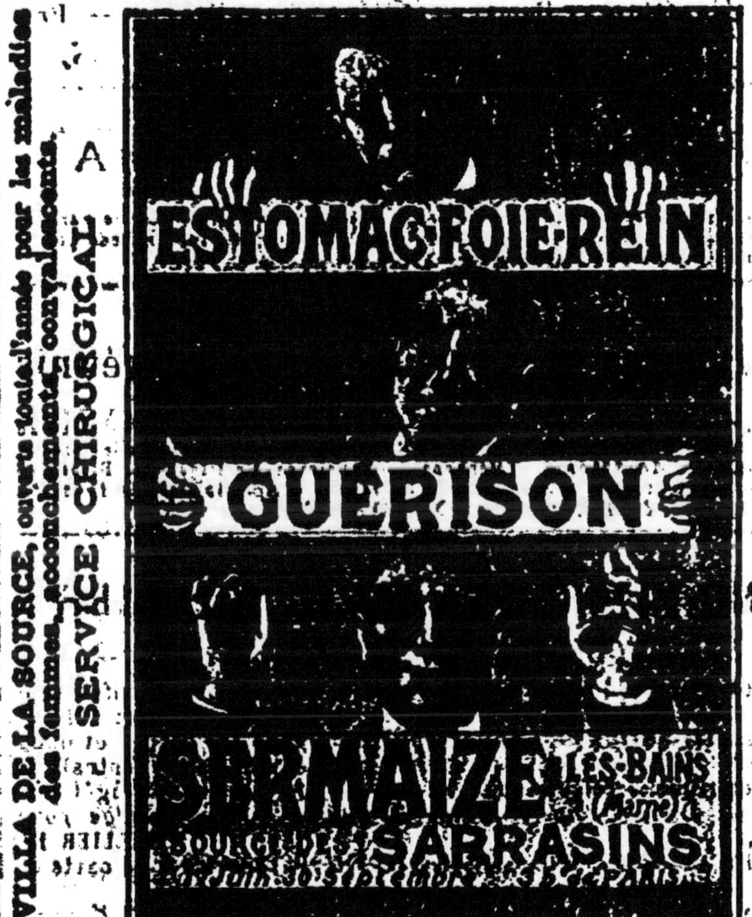

Grains de Sermaize, laxatif souverain contre la constipation.

Pastilles de Sermaize, facilitent puissamment la digestion, prises après le repas.

Toutes les manifestations de l'arthritisme, diabète, goutte, obésité, etc., — les affections de la peau, les maladies du système nerveux, etc.)

La Villa de la Source, située en pleine forêt de sapins et dans une situation des plus hygiéniques, reçoit toute l'année tous les malades et les convalescents, *sauf les aliénés et les contagieux*.

Pour tous les renseignements, s'adresser au Directeur de la Station Thermale de SERMAIZE-LES-BAINS (Marne).

Tamaris-sur-Mer

GRAND HOTEL DES TAMARIS

Ouvert toute l'année. — Premier ordre. — [illegible] — Vue magnifique. — [illegible] Bains chauds [illegible] — Electricité. — Téléphone 18. — Service par petites tables. — Voitures d'excursions et bateaux de plaisance. — Garage avec fosse. — Omnibus et voitures sur commande aux trains des gares de la Seyne et de Toulon. — F. JUST, Propriétaire.

Toulon

GRAND HOTEL

Premier ordre. — Electricité. — Plein midi. — Vue sur la mer. — Vaste salle de fêtes. — Bains. — Ascenseur. — Pension. — Prix modérés. — Garage et fosse pour autos. — A. T. C. et T. C. F.

J. BOUILLOT, successeur de L. Fille

Toulon

GRAND HOTEL VICTORIA

Boulevard de Strasbourg

Magnifique situation. — Confort moderne. — Ascenseur. — Lumière électrique partout. — Pension depuis [illegible] francs et arrangements pour familles. — Hôtel recommandé par les Touring-Clubs de France et d'Angleterre.

Toulouse

Grand Hôtel de l'Europe et du Midi réunis

SQUARE LAFAYETTE. — J. DUMAS

Établissement de premier ordre, avec tout le confort moderne. — Situé au centre des promenades et dans le plus beau quartier de la ville. — Salon de lecture. — Splendides salles de fêtes. — Téléphone. — Éclairage électrique. — Bains. — Restaurant. — Interprète. — Auto-garage [illegible]. — Spécialité de foie de canard aux truffes du Périgord. — EXPORTATION.

Toulouse

GRAND HOTEL & HOTEL TIVOLLIER

(RÉUNIS)

Rue de Metz, rue Boulbonne et rue d'Astorg

Installation unique dans le Midi, avec tout le luxe et le confortable des grands hôtels d'Europe et d'Amérique. — 200 chambres et salons. — Appartements de luxe. — Salles de bains à tous les étages et dans les principaux appartements. — Ascenseurs. — Chauffage central. — Eclairage électrique. — Téléphone. — Hôtel diplômé par le Touring-Club de France. — Dans l'hôtel : poste et télégraphe. — *Garage pour automobiles, avec fosse de réparation.* — RESTAURANT TIVOLLIER DU GRAND HOTEL. — TOUT PREMIER ORDRE. — Service à la carte et à prix fixe. — Cuisine et cave renommées.

Vente exclusive des pâtés "TIVOLLIER"

Toulouse

GRAND HOTEL DE PARIS

RUE GAMBETTA, 66 (CAPITOLE)

Complètement restauré avec tout le confort moderne. — Electricité. — Chauffage à la vapeur. — Salon de lecture. — Grand hall. — Cuisine soignée. — Très belles chambres. — Depuis 3 fr. 50 par jour.

G. LECOMTE, Propriétaire

EN VOYAGE ou EN EXCURSION
avec quelques
COMPRIMÉS
VICHY-ÉTAT
on rend intantanément
toute boisson
ALCALINE et GAZEUSE
Dans toutes pharmacies
2 fr.
le flacon de 100 comprimés
Vichy
AGENCE BOUCULAT
12, RUE BURNOL. — VICHY
Vente et location d'immeubles et fonds de commerce. — Location de villas et appartements meublés pour la saison d'été. — Renseignements.
Adresse télégraphique : Agence BOUCULAT, Vichy
Vichy
AGENCE PONCET
Rue Burnol, 10
Fondée en 1875 par M. PONCET père.
Grand choix de Villas meublées. — Ventes, achats et locations d'hôtels. — Villas, maisons, propriétés de toute nature. — Fonds de commerce, etc.
M. L. PONCET, Directeur

Vichy

LE HAMMAM DE VICHY

GRAND ÉTABLISSEMENT THERMO-MÉDICAL

EAUX MINÉRALES DES SOURCES DU HAMMAM

RUE BURNOL, SUR LE PARC

LE PLUS COMPLET ET LE MIEUX INSTALLÉ DE L'EUROPE

Traitement des maladies par l'action combinée ou séparée des eaux de Vichy, de la vapeur, de l'électricité, de l'air atmosphérique, des gaz, des exercices du corps, etc. — Bains de toute nature, de vapeur et médicinaux, thermo-résineux. — Bains électriques, turco-romains et russes. — Bains d'air comprimé. — Douches hydrothérapiques, de vapeur et électriques. — Inhalations. — Irrigations. — Injections. — Pulvérisations. — Massages. — Lavages de l'estomac et de la vessie, etc. — Gymnastique. — Grande piscine de natation de 200 mètres carrés à eau courante et tempérée. — Cet établissement nouvellement réorganisé comprend en outre de luxueux services d'électrothérapie médicale et de gymnastique suédoise. Directeur : Dr DE RIBIER. — **Sources du Hammam,** *les plus gazeuses et les plus minéralisées du bassin de Vichy, ayant obtenu la seule médaille pour la France à l'Exposition du Grand Congrès médical international de Rome, 1894.*

EXPÉDITIONS POUR TOUS PAYS

Demander brochure explicative au Hammam de Vichy.

Wimereux-Plage

(Première station du chemin de fer du Nord entre Boulogne-sur-Mer et Calais)
(La plus réputée, au point de vue sanitaire, de tout le littoral)

HOTEL MULIER

Entièrement neuf. — A l'angle des rues Carnot et des Anglais. — Confort moderne. — *Prix modérés.* — Restaurant à la carte ou à prix fixe. — Table d'hôte à midi et à 7 heures. — **Cuisine et cave renommées.**

Wimereux

GRAND HOTEL DE PARIS

En face la gare et près de la mer. — Très belle vue. — Prix, depuis 7 fr. par jour, appartement, 3 repas, tout compris, même la cabine pour bains. — Transport gratuit des bagages à l'arrivée et au départ. — **COURTECUISSE-VIENNE, Propriétaire,** correspondant du *T. C. F.* et du *T. C. A.*

ESPAGNE

Barcelone

GRAND HOTEL FALCON

Sur la Rambla et la place del Teatro. — Belle situation. — Maison de 1er ordre, bâtie expressément pour hôtel. — Nouvelle salle à manger ayant vue sur la Rambla. — Ascenseur. — Éclairage électrique. — Salle de bains à tous les étages. — Ameublement entièrement remis à neuf. — Prix modérés. — Interprètes et omnibus de l'hôtel à tous les trains et bateaux. — Courriers.

Bilbao

BODEGAS (CAVES) BILBAINAS

Société anonyme au capital de 6.000.000 de pesetas. — Siège social : Bilbao. — Maisons à Madrid, Séville et Gijon. — La plus importante d'Espagne pour le commerce des vins. — Caves particulières dans toutes les régions productrices. — La plus grande installation à Haro (Rioja). — Demander le « Rioja Clarete », une des marques de la maison, dans tous les hôtels et restaurants.

Cordoue

HOTEL D'ORIENT

Paseo del gran Capitan. — Le plus rapproché de la gare. — Belle situation. — Chambres confortables. — Bains. — Cuisine française très soignée. — Omnibus et interprète de l'hôtel à tous les trains. — Prix modérés. — Raynaud frères, propriétaires.

Madrid

GRAND HOTEL DE LA PAIX

PUERTA DEL SOL, 11, 12

Hôtel français. — Courriers. — Voitures. — Bains à l'Hôtel.

Éclairage et Ascenseur électriques

J. CAPDEVIELLE, Propriétaire

GRAND HOTEL DE L'ORIENT

Puerta del Sol y Calle Arenal. — Ce magnifique établissement, situé au centre de la ville, est, comme installation, à la hauteur des meilleurs hôtels. — Magnifiques appartements et chambres luxueuses pour familles. — Salon de lecture. — Billard. — *Bains.* — Ascenseurs. — Voitures aux gares. — *Prix très modérés,* depuis 7 fr. 50 par jour. —

Madrid

GRAND HOTEL INGLÉS

8 et 10, *rue Echegaray, et rue Principe,* 11. — Hôtel restaurant de premier ordre. — Considérablement agrandi et complètement transformé. — Magnifiques appartements pour familles. — Salle de restaurant pouvant contenir 300 personnes. — Superbes salons. — Bains à tous les étages. — Téléphone. — Ascenseur. — Chauffage à vapeur. — Lumière électrique. — Chambres depuis 4 pesetas. — Pension depuis 12 pesetas. — Interprètes et omnibus de l'hôtel à l'arrivée des trains. — Barro y Agüado, propriétaires.

Madrid

GRAND HOTEL IMPÉRIAL

Calle de la Montera, 22. — Belle situation. — Chauffage central dans toutes les chambres. — Salon de lecture. — Salle de bains à chaque étage. — Lumière électrique. — Téléphone 1.926. — Pension complète depuis 9 pesetas par personne. Peydebasque et Arenillas, propriétaires.

Madrid

MAISON ROYALE

HÔTEL FRANÇAIS

12, Calle del Principe, près la Puerta del Sol. — Maison de famille. — Appartements très confortables. — Chambres laquées irréprochables avec cabinets de toilette. — Bains. — Douches. — Lumière électrique. — Téléphone 1122. — Cuisine de tout premier ordre et service par petites tables. — Prix depuis 10 pesetas par jour tout compris. — J. NÈGRE, Propriétaire.

Madrid

HOTEL BRISTOL

Carrera de San Jeronimo, 45 y 47. — Maison neuve et confortable. — Ameublement moderne. — Situation centrale près des musées du Parc et de la Puerta del Sol. — Ascenseur et calorifère. — Pension de famille. — Prix modérés. — Serapio MARTIN, Propriétaire.

Madrid

HOTEL DE LONDRES

Rue Galdo, 2, façade rue Preciados et rue Carmen

Vue sur la Puerta del Sol. — Construction spéciale pour hôtel, inauguré en 1907. — Chambres spacieuses et aérées. — Salon de lecture. — Salles de bains. — Lumière électrique. — Ascenseur. — Téléphone. — Cuisine française et espagnole. — Service à prix fixe et à la carte. — Pension depuis 10 pesetas par jour, tout compris. — Interprète et omnibus à tous les trains. — Emilio ORTEGA, Propriétaire.

Malaga

BANQUE HISPANO-AMERICANO

SOCIÉTÉ ANONYME AU CAPITAL DE 100 MILLIONS DE PESETAS

Rue Marquès de Larios, 9. — Offre au public toutes les facilités désirables. — Achat et vente de fonds publics et de valeurs industrielles. — Achat et vente de toute monnaie et billets de banque. — Recouvrements et décomptes de coupons de valeurs espagnoles et étrangères. — Recouvrements et décompte de lettres de change sur toutes les villes d'Espagne et de l'Étranger. — Dépôt de titres et valeurs. — Ouverture de comptes courants et de dépôts en pesetas et en monnaie étrangère. — Envoi de fonds et paiements par télégramme (province et étranger). — Escompte, recouvrements et toutes opérations de banque.

SAN-SEBASTIAN (ESPAGNE).

Le meilleur climat. — La plus belle plage du monde

10 heures de Paris. — 20 minutes de la frontière française (Hendaye).

SAISON D'HIVER — SAISON D'ÉTÉ

(Voir page bleue, au commencement du volume)

Saint-Sébastien

CHEMIN DE FER DEL MONTE-ULIA

Promenade très recommandée. — Splendide panorama de mer et de montagnes. — Parc. — Jardin. — Tennis. — Croquet. — Jeux divers. — Tir aux pigeons. — Funiculaire aérien de 300 mètres, reliant le restaurant à la Pena del Aguila. — Restaurant de premier ordre. — Service à la carte. — Déjeuner, 5 pesetas. — Dîner, 6 pesetas. — Tramways jusqu'à 10 h. du soir. — Départs tous les quarts d'heure. — Durée de la montée 20 minutes.

V. SUPPLÉMENT
Spécialités pharmaceutiques
Chocolat Menier

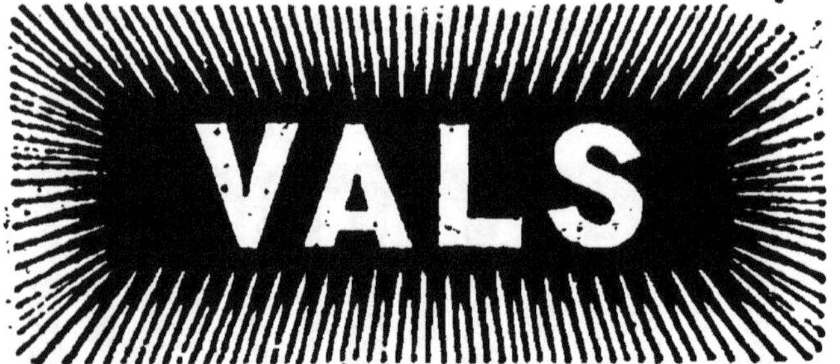

Eaux minérales naturelles admises dans les Hôpitaux

SAINT-JEAN. Maux d'estomac, appétit, digestions.
PRECIEUSE. Foie, calculs, bile, diabète, goutte
DOMINIQUE. Asthme, chlorose, débilité.
DÉSIRÉE. Calculs, coliques
MAGDELEINE. Reins, gravelle
RIGOLETTE. Anémie
IMPÉRATRICE. Maux d'estomac.

Très agréable à boire — Une bouteille par jour

Société générale des EAUX, VALS (Ardèche).

La Société expédie sur demande des caisses d'origine, au prix de 15 fr. les 24 bouteilles et 30 fr. les 50 bouteilles, rendues *franco* à la gare de Vals.
Les eaux des sources Saint-Jean et Précieuse existent en 1/2 et en 1/4 de bouteilles
Direction : rue Greffulhe, 4, Paris

HENDAYE-PLAGE

But d'Excursion — Centre d'Excursions

ÉTÉ. — Magnifique Plage exposée au Nord — Mer et Montagne — Grande Digue Promenade — Cité-Jardin.
HIVER. — Conche exposée au Midi, abritée des vents d'Ouest Eau de Source, Egouts, Eclairage électrique

TERRAINS A VENDRE AVEC VUE SPLENDIDE

Grandes facilités de payement

Construction rapide et économique de Villas. Payables par annuités — S'adresser à M. H. MARTINET, propriétaire du domaine de Hendaye-Plage, 129, rue du Faubourg-St-Honoré, Paris. — A M. DANTIN, agent général à Hendaye.

www.ingramcontent.com/pod-product-compliance
Ingram Content Group UK Ltd.
Pitfield, Milton Keynes, MK11 3LW, UK
UKHW022047190726
13855UKWH00002B/425